DEUTSCHE AKADEMIE DER WISSENSCHAFTEN ZU BERLIN

Veröffentlichungen des Geodätischen Instituts in Potsdam
Nr. 15

FORMELN UND TAFELN ZUR LÖSUNG DER 1. GEODÄTISCHEN HAUPTAUFGABE AUF DEM ELLIPSOID VON KRASSOWSKI

Von

DIETRICH SCHOEPS

AKADEMIE-VERLAG · BERLIN
1960

Erschienen im Akademie-Verlag GmbH, Berlin W 1, Leipziger Straße 3—4

Lizenz-Nr.: 202 · 100/521/60
Gesamtherstellung: VEB Druckerei „Thomas Müntzer" Bad Langensalza
Bestell-Nr.: 2016/15
Preis: DM 15,—
Printed in Germany
ES 19 C

EINLEITUNG

Durch die Einführung des Ellipsoids von Krassowski als Bezugsfläche für die Landesvermessung der Deutschen Demokratischen Republik anstelle des Ellipsoids von Bessel wurde es notwendig, die Neuberechnung der früher im Geodätischen Institut Potsdam herausgekommenen Tafelwerke vorzunehmen. Die vorliegende Veröffentlichung enthält Tafeln zur numerischen Berechnung geographischer Koordinaten. Die im Jahre 1942 erschienene Veröffentlichung des Geodätischen Instituts Potsdam, Neue Folge Nr. 110 von H. Boltz, diente als Grundlage und Vorbild. Das vorliegende Tafelwerk hat auch im allgemeinen das gleiche Gesicht bekommen.

I.

Die im folgenden angeführten Formeln und Tafeln dienen zur Übertragung gegebener geographischer Koordinaten B_1 und L_1 des Punktes P_1 auf einen Neupunkt P_2, wenn die Länge s der geodätischen Linie zwischen den Punkten P_1 und P_2 und das Ausgangsazimut A_{12} bekannt sind. Ausgangsformeln sind die bereits 1806 von Legendre angegebenen Reihen

$$B_2 = B_1 + \frac{dB}{ds}\cdot s + \frac{d^2B}{ds^2}\cdot\frac{s^2}{1\cdot 2} + \frac{d^3B}{ds^3}\cdot\frac{s^3}{1\cdot 2\cdot 3} + \ldots$$

$$L_2 = L_1 + \frac{dL}{ds}\cdot s + \frac{d^2L}{ds^2}\cdot\frac{s^2}{1\cdot 2} + \frac{d^3L}{ds^3}\cdot\frac{s^3}{1\cdot 2\cdot 3} + \ldots \qquad (1)$$

$$A_{2.1} = A_{1\,2} \pm 180^\circ + \frac{dA}{ds}\cdot s + \frac{d^2A}{ds^2}\cdot\frac{s^2}{1\cdot 2} + \frac{d^3A}{ds^3}\cdot\frac{s^3}{1\cdot 2\cdot 3} + \ldots$$

Diese Reihen eignen sich ohne wesentliche Umformungen sehr gut für Rechnungen mit Rechenmaschinen. Zur Auswertung der Reihen wurden die höheren Differentialquotienten gebildet, ausgehend von den ersten Differentialquotienten

$$\frac{dB}{ds} = \frac{V^3}{c}\cos A$$

$$\frac{dL}{ds} = \frac{V}{c}\sec B \sin A \qquad (2)$$

$$\frac{dA}{ds} = \frac{V}{c}\operatorname{tg} B \sin A\ .$$

Hierbei bedeutet

$$V = \sqrt{1+\eta^2} = \sqrt{1 + e'^2\cos^2 B}$$

$$c = a\sqrt{1+e'^2}$$

Bezeichnen wir mit a die halbe große Achse des Ellipsoids,
mit b die halbe kleine Achse des Ellipsoids,
so erhalten wir

$$e'^2 = \frac{a^2-b^2}{b^2} \qquad (3)$$

Nun ist aber $b = a\,(1-\alpha)$. Setzt man dies in (3) ein, so erhält man

$$e'^2 = \frac{2\alpha-\alpha^2}{1-2\alpha+\alpha^2}\ . \qquad (4)$$

Hierbei bedeutet $\mathfrak{a}$ die Abplattung des Referenzellipsoids.
Die Zahlenwerte, durch die das Ellipsoid von Krassowski definiert ist, sind

$$a = 6\ 378\ 245 \text{ m}$$

$$\mathfrak{a} = 1 : 298{,}3.$$

Damit ergibt sich für e'^2

$$e'^2 = 0{,}0067\ 3852\ 5414\ 6835.$$

II.

Wie bereits zuvor gesagt, eignen sich die Reihen (1) zum direkten Rechnen mit Maschinen, sie müssen nur noch in eine Form gebracht werden, in der die Tabellenwerte lediglich einfache Funktionen der Breite B darstellen. Zunächst muß man sich aber über die Ausdehnung der Rechnung im klaren sein. Es werden gefordert die Übertragungen der Breiten und Längen auf 0",0001 genau, die Übertragung der Azimute auf 0",001 genau. Dabei sind die Azimute mit einer Zehnerpotenz mehr angesetzt als bei Boltz. Das entspricht mehr den tatsächlichen Erfordernissen. Es wurde nachgewiesen, daß es zur Einhaltung der geforderten Genauigkeit genügt, die Rechnung bei der Breiten- und Längendifferenz bis zum 5. Differentialquotienten, bei der Azimutdifferenz bis zum 4. Differentialquotienten auszudehnen.
Die höheren Differentialquotienten wurden von mir aus den nächstniederen erneut abgeleitet. Es ergab sich bis zu den 4. Differentialquotienten Übereinstimmung mit den an mehreren Stellen in der geodätischen Literatur vorhandenen Angaben. Die Entwicklungen für die 5. Differentialquotienten mit allen ellipsoidischen Gliedern sind nur im Handbuch der Vermessungskunde von Jordan, 3. Auflage, 1890, Band 3, Seite 392, zu finden. Diese sind allerdings nicht durchweg einwandfrei. Es sollen deshalb an dieser Stelle die richtigen Formeln angeführt werden:

$$\frac{dB}{ds} = \frac{V^3}{c} \cos A$$

$$\frac{d^2B}{ds^2} = -\frac{V^4}{c^2} (t \sin^2 A + 3\eta^2 t \cos^2 A)$$

$$\frac{d^3B}{ds^3} = -\frac{V^5}{c^3} \left\{(1 + 3t^2 + \eta^2 - 9\eta^2 t^2) \sin^2 A \cos A + 3\eta^2 (1 - t^2 + \eta^2 - 5\eta^2 t^2) \cos^3 A\right\}$$

$$\frac{d^4B}{ds^4} = \frac{V^6}{c^4} \left\{t (1 + 3t^2 + \eta^2 - 9\eta^2 t^2) \sin^4 A - 2t (4 + 6t^2 - 13\eta^2 - 9\eta^2 t^2 - 17\eta^4 + 45\eta^4 t^2) \sin^2 A \cos^2 A + \right.$$
$$\left. + \eta^2 t (12 + 69\eta^2 - 45\eta^2 t^2 + 57\eta^4 - 105\eta^4 t^2) \cos^4 A\right\}$$

$$\frac{d^5B}{ds^5} = \frac{V^7}{c^5} \left\{(1 + 30t^2 + 45t^4 + 2\eta^2 - 72\eta^2 t^2 - 90\eta^2 t^4 + \eta^4 - 102\eta^4 t^2 + 225\eta^4 t^4) \sin^4 A \cos A - \right.$$
$$- 2 (4 + 30t^2 + 30t^4 - 9\eta^2 - 18\eta^2 t^2 - 45\eta^2 t^4 - 30\eta^4 + 354\eta^4 t^2 - 17\eta^6 + 402\eta^6 t^2$$
$$- 525\eta^6 t^4) \sin^2 A \cos^3 A + 3\eta^2 (4 - 4t^2 + 27\eta^2 - 142\eta^2 t^2 + 15\eta^2 t^4 + 42\eta^4$$
$$\left. - 452\eta^4 t^2 + 210\eta^4 t^4 + 19\eta^6 - 314\eta^6 t^2 + 315\eta^6 t^4) \cos^5 A\right\}$$

$$\frac{dA}{ds} = \frac{V}{c} t \sin A$$

$$\frac{d^2A}{ds^2} = \frac{V^2}{c^2} (1 + 2t^2 + \eta^2) \sin A \cos A$$

$$\frac{d^3A}{ds^3} = \frac{V^3}{c^3} \left\{- t (1 + 2t^2 + \eta^2) \sin^3 A + t (5 + 6t^2 + \eta^2 - \eta^4) \sin A \cos^2 A\right\}$$

$$\frac{d^4A}{ds^4} = \frac{V^4}{c^4} \left\{- (1 + 20t^2 + 24t^4 + 2\eta^2 + 8\eta^2 t^2 + \eta^4 - 12\eta^4 t^2) \sin^3 A \cos A \right.$$
$$\left. + (5 + 28t^2 + 24t^4 + 6\eta^2 + 8\eta^2 t^2 - 3\eta^4 + 4\eta^4 t^2 - 4\eta^6 + 24\eta^6 t^2) \sin A \cos^3 A\right\}$$

$$\frac{dL}{ds} = \frac{V}{c} \sec B \sin A$$

$$\frac{d^2L}{ds^2} = 2 \frac{V^2}{c^2} \sec B \cdot t \cdot \sin A \cos A$$

$$\frac{d^3L}{ds^3} = 2 \frac{V^3}{c^3} \sec B \left\{ - t^2 \sin^3 A + (1 + 3 t^2 + \eta^2) \sin A \cos^2 A \right\}$$

$$\frac{d^4L}{ds^4} = 8 \frac{V^4}{c^4} \sec B \left\{ - t (1 + 3 t^2 + \eta^2) \sin^3 A \cos A + t (2 + 3 t^2 + \eta^2 - \eta^4) \sin A \cos^3 A \right\}$$

$$\frac{d^5L}{ds^5} = 8 \frac{V^5}{c^5} \sec B \left\{ t^2 (1 + 3 t^2 + \eta^2) \sin^5 A - (1 + 20 t^2 + 30 t^4 + 2\eta^2 + 13\eta^2 t^2 + \eta^4 - 7\eta^4 t^2) \sin^3 A \cos^2 A + \right.$$
$$\left. + (2 + 15 t^2 + 15 t^4 + 3\eta^2 + 6\eta^2 t^2 - 3\eta^4 t^2 - \eta^6 + 6\eta^6 t^2) \sin A \cos^4 A \right\} .$$

Diese Ableitungen sind theoretisch einwandfrei, wie durch mehrfache Kontrollen gründlich geprüft wurde.

III.

In Anlehnung an die Veröffentlichung von Boltz wurde die Darstellung der einzelnen Differentialquotienten vorgenommen. Bei den einzelnen Gliedern wurde untersucht, wie weit die Reihenentwicklungen auszudehnen waren. Beim Vergleich der von mir erhaltenen Werte mit denen der Boltzschen Veröffentlichung erhielt ich an verschiedenen Stellen geringfügige Widersprüche. Es sollen deswegen hien die nunmehr fehlerfreien Angaben folgen.

	Zahl	e'^2	e'^4	e'^6	e'^8	e'^{10}	
$a \frac{dB}{ds} =$	$+1$	$+\frac{1}{4}$	$+\frac{9}{64}$	$-\frac{31}{256}$	$+\frac{1769}{16384}$	$-\frac{6447}{65536}$	$\cos A$
		$+\frac{3}{4}$	$-\frac{3}{16}$	$+\frac{81}{512}$	$-\frac{285}{2048}$	$+\frac{8229}{65536}$	$\cos 2B \cos A$
			$+\frac{3}{64}$	$-\frac{9}{256}$	$+\frac{117}{4096}$	$-\frac{399}{16384}$	$\cos 4B \cos A$
				$-\frac{1}{512}$	$+\frac{5}{2048}$	$-\frac{327}{131072}$	$\cos 6B \cos A$
					$+\frac{3}{16384}$	$-\frac{21}{65536}$	$\cos 8B \cos A$
						$-\frac{3}{131072}$	$\cos 10B \cos A$
$a^2 \frac{d^2B}{ds^2} =$	-1	$+1$	-1	$+1$	-1		$\mathrm{tg}\, B \sin^2 A$
		-1	$+\frac{3}{4}$	$-\frac{3}{4}$	$+\frac{3}{4}$		$\sin 2B \sin^2 A$
			$-\frac{1}{8}$	$+\frac{1}{8}$	$-\frac{1}{8}$		$\sin 4B \sin^2 A$
		$-\frac{3}{2}$		$-\frac{15}{32}$	$+\frac{15}{32}$		$\sin 2B \cos^2 A$
			$-\frac{3}{4}$	$+\frac{3}{8}$	$-\frac{3}{8}$		$\sin 4B \cos^2 A$
				$-\frac{3}{32}$	$+\frac{3}{32}$		$\sin 6B \cos^2 A$
$a^3 \frac{d^3B}{ds^3} =$	-3	$+\frac{9}{2}$	$-\frac{45}{8}$	$+\frac{105}{16}$	$-\frac{945}{128}$		$\mathrm{tg}^2 B \sin^2 A \cos A$
	-1	$+\frac{1}{2}$	$+\frac{3}{32}$	$-\frac{5}{64}$	$+\frac{1445}{8192}$		$\sin^2 A \cos A$
		$-\frac{5}{2}$	$+\frac{25}{16}$	$-\frac{495}{256}$	$+\frac{8725}{4096}$		$\cos 2B \sin^2 A \cos A$
			$-\frac{85}{32}$	$+\frac{165}{64}$	$-\frac{3095}{1024}$		$\cos 4B \sin^2 A \cos A$
				$-\frac{145}{256}$	$+\frac{3035}{4096}$		$\cos 6B \sin^2 A \cos A$
					$-\frac{205}{8192}$		$\cos 8B \sin^2 A \cos A$
			$-\frac{9}{8}$	$+\frac{9}{32}$	$-\frac{675}{1024}$		$\cos^3 A$
		-3	$-\frac{3}{4}$	$-\frac{327}{128}$	$+\frac{1005}{512}$		$\cos 2B \cos^3 A$
			$-\frac{33}{8}$	$+\frac{33}{32}$	$-\frac{75}{32}$		$\cos 4B \cos^3 A$
				$-\frac{225}{128}$	$+\frac{675}{512}$		$\cos 6B \cos^3 A$
					$-\frac{285}{1024}$		$\cos 8B \cos^3 A$
$a^4 \frac{d^4B}{ds^4} =$	$+3$	-6	$+9$	-12			$\mathrm{tg}^3 B \sin^4 A$
	$+1$	-2	$+3$	-4			$\mathrm{tg}\, B \sin^4 A$
		$+2$	-7	$+\frac{83}{8}$			$\sin 2B \sin^4 A$
			$+3$	$-\frac{11}{2}$			$\sin 4B \sin^4 A$
				$+\frac{7}{8}$			$\sin 6B \sin^4 A$
	-12	$+24$	-36	$+48$			$\mathrm{tg}^3 B \sin^2 A \cos^2 A$
	-8	-2	$+12$	-22			$\mathrm{tg}\, B \sin^2 A \cos^2 A$
		$+10$	-16	$+\frac{55}{2}$			$\sin 2B \sin^2 A \cos^2 A$
			$+20$	$-\frac{37}{2}$			$\sin 4B \sin^2 A \cos^2 A$
				$+\frac{25}{2}$			$\sin 6B \sin^2 A \cos^2 A$
		$+6$	$+3$	$+\frac{99}{8}$			$\sin 2B \cos^4 A$
			$+\frac{75}{4}$				$\sin 4B \cos^4 A$
				$+\frac{135}{8}$			$\sin 6B \cos^4 A$

	Zahl	e'^2	e'^4	e'^6	e'^8	e'^{10}	
$a^5 \frac{d^5B}{ds^5} =$	$+45$	$-\frac{225}{2}$	$+\frac{1575}{8}$				$tg^4 B \sin^4 A \cos A$
	$+30$	$-\frac{15}{2}$	$-\frac{75}{2}$				$tg^2 B \sin^4 A \cos A$
	$+1$	-17	$+\frac{115}{2}$				$\sin^4 A \cos A$
		$+20$	$-\frac{389}{4}$				$\cos 2B \sin^4 A \cos A$
			$+\frac{171}{4}$				$\cos 4B \sin^4 A \cos A$
	-60	$+150$	$-\frac{525}{2}$				$tg^4 B \sin^2 A \cos^3 A$
	-60	$+30$	$+\frac{75}{2}$				$tg^2 B \sin^2 A \cos^3 A$
	-8	-12	$-\frac{63}{8}$				$\sin^2 A \cos^3 A$
		$+22$	$-\frac{149}{4}$				$\cos 2B \sin^2 A \cos^3 A$
			$+\frac{985}{8}$				$\cos 4B \sin^2 A \cos^3 A$
			$+\frac{9}{2}$				$\cos^5 A$
		$+12$	$+9$				$\cos 2B \cos^5 A$
			$+\frac{159}{2}$				$\cos 4B \cos^5 A$
$a \frac{dA}{ds} =$	$+1$	$-\frac{1}{2}$	$+\frac{3}{8}$	$-\frac{5}{16}$	$+\frac{35}{128}$	$-\frac{63}{256}$	$tg B \sin A$
		$+\frac{1}{4}$	$-\frac{5}{32}$	$+\frac{61}{512}$	$-\frac{811}{8192}$	$+\frac{5647}{65536}$	$\sin 2B \sin A$
			$-\frac{1}{64}$	$+\frac{1}{64}$	$-\frac{115}{8192}$	$+\frac{205}{16384}$	$\sin 4B \sin A$
				$+\frac{1}{512}$	$-\frac{23}{8192}$	$+\frac{405}{131072}$	$\sin 6B \sin A$
					$-\frac{5}{16384}$	$+\frac{19}{32768}$	$\sin 8B \sin A$
						$+\frac{7}{131072}$	$\sin 10B \sin A$
$a^2 \frac{d^2A}{ds^2} =$	$+1$	$+1$	$-\frac{5}{8}$	$+\frac{5}{8}$	$-\frac{5}{8}$	$+\frac{5}{8}$	$\sin A \cos A$
	$+2$	-2	$+2$	-2	$+2$	-2	$tg^2 B \sin A \cos A$
			$+\frac{1}{2}$	$-\frac{1}{2}$	$+\frac{1}{2}$	$-\frac{1}{2}$	$\cos 2B \sin A \cos A$
			$+\frac{1}{8}$	$-\frac{1}{8}$	$+\frac{1}{8}$	$-\frac{1}{8}$	$\cos 4B \sin A \cos A$
$a^3 \frac{d^3A}{ds^3} =$	-2	$+3$	$-\frac{15}{4}$	$+\frac{35}{8}$	$-\frac{315}{64}$		$tg^3 B \sin^3 A$
	-1	$-\frac{3}{2}$	$+\frac{21}{8}$	$-\frac{55}{16}$	$+\frac{525}{128}$		$tg B \sin^3 A$
		$+\frac{1}{4}$	$-\frac{33}{32}$	$+\frac{725}{512}$	$-\frac{14087}{8192}$		$\sin 2B \sin^3 A$
			$-\frac{9}{64}$	$+\frac{11}{64}$	$-\frac{1651}{8192}$		$\sin 4B \sin^3 A$
				$-\frac{7}{512}$	$+\frac{189}{8192}$		$\sin 6B \sin^3 A$
					$+\frac{11}{16384}$		$\sin 8B \sin^3 A$
	$+6$	-9	$-\frac{45}{4}$	$-\frac{105}{8}$	$+\frac{945}{64}$		$tg^3 B \sin A \cos^2 A$
	$+5$	$+\frac{3}{2}$	$-\frac{33}{8}$	$+\frac{95}{16}$	$-\frac{945}{128}$		$tg B \sin A \cos^2 A$
		$-\frac{1}{4}$	$+\frac{25}{32}$	$-\frac{1045}{512}$	$+\frac{21311}{8192}$		$\sin 2B \sin A \cos^2 A$
			$-\frac{23}{64}$	$-\frac{13}{64}$	$+\frac{2323}{8192}$		$\sin 4B \sin A \cos^2 A$
				$-\frac{89}{512}$	$+\frac{1563}{8192}$		$\sin 6B \sin A \cos^2 A$
					$-\frac{203}{16384}$		$\sin 8B \sin A \cos^2 A$

	Zahl	e'^2	e'^4	e'^6	e'^8	e'^{10}	
$a^4 \frac{d^4A}{ds^4} =$	-24	$+48$	-72	$+96$			$tg^4 B \sin^3 A \cos A$
	-20	-8	$+36$	-64			$tg^2 B \sin^3 A \cos A$
	-1		$-\frac{53}{4}$	$+\frac{105}{4}$			$\sin^3 A \cos A$
		-2	$+13$	$-\frac{203}{8}$			$\cos 2B \sin^3 A \cos A$
			$-\frac{3}{4}$	$-\frac{1}{4}$			$\cos 4B \sin^3 A \cos A$
				$-\frac{5}{8}$			$\cos 6B \sin^3 A \cos A$
	$+24$	-48	$+72$	-96			$tg^4 B \sin A \cos^3 A$
	$+28$	-8	-12	$+32$			$tg^2 B \sin A \cos^3 A$
	$+5$	$+6$	$+\frac{13}{4}$	$-\frac{45}{4}$			$\sin A \cos^3 A$
			-5	$+\frac{75}{8}$			$\cos 2B \sin A \cos^3 A$
			$-\frac{5}{4}$	$-\frac{3}{4}$			$\cos 4B \sin A \cos^3 A$
				$-\frac{11}{8}$			$\cos 6B \sin A \cos^3 A$
$a \frac{dL}{ds} =$	$+1$	$-\frac{1}{2}$	$+\frac{3}{8}$	$-\frac{5}{16}$	$+\frac{35}{128}$	$-\frac{63}{256}$	$\sec B \sin A$
		$+\frac{1}{2}$	$-\frac{11}{32}$	$+\frac{35}{128}$	$-\frac{1903}{8192}$	$+\frac{6711}{32768}$	$\cos B \sin A$
			$-\frac{1}{32}$	$+\frac{9}{256}$	$-\frac{281}{8192}$	$+\frac{133}{4096}$	$\cos 3B \sin A$
				$+\frac{1}{256}$	$-\frac{51}{8192}$	$+\frac{61}{8192}$	$\cos 5B \sin A$
					$-\frac{5}{8192}$	$+\frac{83}{65536}$	$\cos 7B \sin A$
						$+\frac{7}{65536}$	$\cos 9B \sin A$
$a^2 \frac{d^2L}{ds^2} =$	$+2$	-2	$+2$	-2	$+2$	-2	$tg B \sec B \sin A \cos A$
		$+2$	-2	$+2$	-2	$+2$	$\sin B \sin A \cos A$
$a^3 \frac{d^3L}{ds^3} =$	-2	$+3$	$-\frac{15}{4}$	$+\frac{35}{8}$	$-\frac{315}{64}$		$\sec^3 B \sin^3 A$
	$+2$	-6	$+\frac{33}{4}$	-10	$+\frac{735}{64}$		$\sec B \sin^3 A$
		$+3$	$-\frac{75}{16}$	$+\frac{379}{64}$	$-\frac{28431}{4096}$		$\cos B \sin^3 A$
			$+\frac{3}{16}$	$-\frac{37}{128}$	$+\frac{1491}{4096}$		$\cos 3B \sin^3 A$
				$-\frac{1}{128}$	$+\frac{57}{4096}$		$\cos 5B \sin^3 A$
					$+\frac{3}{4096}$		$\cos 7B \sin^3 A$
	$+6$	-9	$+\frac{45}{4}$	$-\frac{105}{8}$	$+\frac{945}{64}$		$\sec^3 B \sin A \cos^2 A$
	-4	$+15$	-21	$+\frac{205}{8}$	$-\frac{945}{32}$		$\sec B \sin A \cos^2 A$
		-4	$+\frac{75}{8}$	$-\frac{391}{32}$	$+\frac{29759}{2048}$		$\cos B \sin A \cos^2 A$
			$+\frac{3}{8}$	$-\frac{11}{32}$	$+\frac{711}{2048}$		$\cos 3B \sin A \cos^2 A$
				$+\frac{1}{16}$	$-\frac{223}{2048}$		$\cos 5B \sin A \cos^2 A$
					$-\frac{7}{2048}$		$\cos 7B \sin A \cos^2 A$

	Zahl	e'^2	e'^4	e'^6	
$a^4 \frac{d^4L}{ds^4} =$	-24	$+48$	-72	$+96$	$\operatorname{tg} B \sec^3 B \sin^3 A \cos A$
	$+16$	-80	$+144$	-208	$\operatorname{tg} B \sec B \sin^3 A \cos A$
		$+24$	-72	$+119$	$\sin B \quad \sin^3 A \cos A$
				$-\frac{3}{2}$	$\sin 3B \quad \sin^3 A \cos A$
				$-\frac{1}{2}$	$\sin 5B \quad \sin^3 A \cos A$
	$+24$	-48	$+72$	-96	$\operatorname{tg} B \sec^3 B \sin A \cos^3 A$
	-8	$+64$	-120	$+176$	$\operatorname{tg} B \sec B \sin A \cos^3 A$
		-8	$+40$	-73	$\sin B \quad \sin A \cos^3 A$
				$-\frac{3}{2}$	$\sin 3B \quad \sin A \cos^3 A$
				$-\frac{1}{2}$	$\sin 5B \quad \sin A \cos^3 A$
$a^5 \frac{d^5L}{ds^5} =$	$+24$	-60	$+105$	$-\frac{315}{2}$	$\sec^5 B \quad \sin^5 A$
	-40	$+160$	-325	$+525$	$\sec^3 B \quad \sin^5 A$
	$+16$	-132	$+345$	-620	$\sec B \quad \sin^5 A$
		$+32$	$-\frac{255}{2}$	$+\frac{2095}{8}$	$\cos B \quad \sin^5 A$
			$+\frac{5}{2}$	$-\frac{35}{4}$	$\cos 3B \quad \sin^5 A$
				$-\frac{5}{8}$	$\cos 5B \quad \sin^5 A$
	-240	$+600$	-1050	$+1575$	$\sec^5 B \quad \sin^3 A \cos^2 A$
	$+320$	-1400	$+2900$	-4725	$\sec^3 B \quad \sin^3 A \cos^2 A$
	-88	$+916$	-2575	$+\frac{9495}{2}$	$\sec B \quad \sin^3 A \cos^2 A$
		-132	$+\frac{2877}{4}$	$-\frac{25695}{16}$	$\cos B \quad \sin^3 A \cos^2 A$
			$-\frac{9}{4}$	$+\frac{315}{32}$	$\cos 3B \quad \sin^3 A \cos^2 A$
				$-\frac{45}{32}$	$\cos 5B \quad \sin^3 A \cos^2 A$
	$+120$	-300	$+525$	$-\frac{1575}{2}$	$\sec^5 B \quad \sin A \cos^4 A$
	-120	$+600$	-1275	$+2100$	$\sec^3 B \quad \sin A \cos^4 A$
	$+16$	-292	$+925$	-1770	$\sec B \quad \sin A \cos^4 A$
		$+16$	$-\frac{347}{2}$	$+\frac{3593}{8}$	$\cos B \quad \sin A \cos^4 A$
			$-\frac{3}{2}$	$+\frac{21}{8}$	$\cos 3B \quad \sin A \cos^4 A$
				$-\frac{9}{4}$	$\cos 5B \quad \sin A \cos^4 A$

In die oben gegebenen Entwicklungen gehen die höheren Potenzen von e'^2 ein. Diese lauten für das Ellipsoid von Krassowski:

$$e'^2 = 0{,}0067\ 3852\ 5414\ 6835$$
$$e'^4 = 0{,}0000\ 4540\ 7724\ 764$$
$$e'^6 = 0{,}0000\ 0030\ 5981\ 107$$
$$e'^8 = 0{,}0000\ 0000\ 2061\ 861$$
$$e'^{10} = 0{,}0000\ 0000\ 0013\ 894$$

Setzt man diese Zahlenwerte in die obigen Entwicklungen ein, so erhält man das folgende System:

$$
\begin{aligned}
a\,\frac{dB}{ds} = {} & + 1{,}0016\;9097\;9984 \cos A \\
& + 0{,}0050\;4542\;8235 \cos 2B \cos A \\
& + 0{,}0000\;0211\;7789 \cos 4B \cos A \\
& - 0{,}0000\;0000\;0593 \cos 6B \cos A
\end{aligned}
$$

$$
\begin{aligned}
a^2\,\frac{d^2B}{ds^2} = {} & - 0{,}9933\;0657\;84 \operatorname{tg} B \sin^2 A \\
& - 0{,}0067\;0469\;76 \sin 2B \sin^2 A \\
& - 0{,}0000\;0563\;80 \sin 4B \sin^2 A \\
& - 0{,}0101\;0793\;06 \sin 2B \cos^2 A \\
& - 0{,}0000\;3394\;18 \sin 4B \cos^2 A \\
& - 0{,}0000\;0002\;85 \sin 6B \cos^2 A
\end{aligned}
$$

$$
\begin{aligned}
a^3\,\frac{d^3B}{ds^3} = {} & - 2{,}9699\;301 \operatorname{tg}^2 B \sin^2 A \cos A \\
& - 0{,}9966\;265 \sin^2 A \cos A \\
& - 0{,}0167\;760 \cos 2B \sin^2 A \cos A \\
& - 0{,}0001\;198 \cos 4B \sin^2 A \cos A \\
& - 0{,}0000\;002 \cos 6B \sin^2 A \cos A \\
& - 0{,}0000\;510 \cos^3 A \\
& - 0{,}0202\;504 \cos 2B \cos^3 A \\
& - 0{,}0001\;870 \cos 4B \cos^3 A \\
& - 0{,}0000\;005 \cos 6B \cos^3 A
\end{aligned}
$$

$$
\begin{aligned}
a^4\,\frac{d^4B}{ds^4} = {} & + 2{,}9599\;7 \operatorname{tg}^3 B \sin^4 A \\
& + 0{,}9866\;6 \operatorname{tg} B \sin^4 A \\
& + 0{,}0131\;6 \sin 2B \sin^4 A \\
& + 0{,}0001\;3 \sin 4B \sin^4 A \\
& - 11{,}8399\;0 \operatorname{tg}^3 B \sin^2 A \cos^2 A \\
& - 8{,}0129\;4 \operatorname{tg} B \sin^2 A \cos^2 A \\
& + 0{,}0666\;7 \sin 2B \sin^2 A \cos^2 A \\
& + 0{,}0009\;0 \sin 4B \sin^2 A \cos^2 A \\
& + 0{,}0405\;7 \sin 2B \cos^4 A \\
& + 0{,}0008\;5 \sin 4B \cos^4 A \\
& + 0{,}0000\;1 \sin 6B \cos^4 A
\end{aligned}
$$

$$
\begin{aligned}
a^5\,\frac{d^5B}{ds^5} = {} & + 44{,}2509 \operatorname{tg}^4 B \sin^4 A \cos A \\
& + 29{,}9478 \operatorname{tg}^2 B \sin^4 A \cos A \\
& + 0{,}8881 \sin^4 A \cos A \\
& + 0{,}1304 \cos 2B \sin^4 A \cos A \\
& + 0{,}0019 \cos 4B \sin^4 A \cos A \\
& - 59{,}0011 \operatorname{tg}^4 B \sin^2 A \cos^3 A \\
& - 59{,}7961 \operatorname{tg}^2 B \sin^2 A \cos^3 A \\
& - 8{,}0812 \sin^2 A \cos^3 A \\
& + 0{,}1466 \cos 2B \sin^2 A \cos^3 A \\
& + 0{,}0056 \cos 4B \sin^2 A \cos^3 A \\
& + 0{,}0002 \cos^5 A \\
& + 0{,}0813 \cos 2B \cos^5 A \\
& + 0{,}0036 \cos 4B \cos^5 A
\end{aligned}
$$

$$
\begin{aligned}
a\,\frac{dA}{ds} = {} & + 0{,}9966\;4767\;0131 \operatorname{tg} B \sin A \\
& + 0{,}0016\;7757\;2649 \sin 2B \sin A \\
& - 0{,}0000\;0070\;4744 \sin 4B \sin A \\
& + 0{,}0000\;0000\;0592 \sin 6B \sin A
\end{aligned}
$$

$$
\begin{aligned}
a^2\,\frac{d^2A}{ds^2} = {} & + 1{,}0067\;1033\;55 \sin A \cos A \\
& + 1{,}9866\;1315\;68 \operatorname{tg}^2 B \sin A \cos A \\
& + 0{,}0000\;2255\;19 \cos 2B \sin A \cos A \\
& + 0{,}0000\;0563\;80 \cos 4B \sin A \cos A
\end{aligned}
$$

$$
\begin{aligned}
a^3\,\frac{d^3A}{ds^3} = {} & - 1{,}9799\;534 \operatorname{tg}^3 B \sin^3 A \\
& - 1{,}0099\;896 \operatorname{tg} B \sin^3 A \\
& + 0{,}0016\;382 \sin 2B \sin^3 A \\
& - 0{,}0000\;063 \sin 4B \sin^3 A \\
& + 5{,}9398\;601 \operatorname{tg}^3 3 \sin A \cos^2 A \\
& + 5{,}0099\;223 \operatorname{tg} B \sin A \cos^2 A \\
& - 0{,}0016\;498 \sin 2B \sin A \cos^2 A \\
& - 0{,}0000\;164 \sin 4B \sin A \cos^2 A \\
& - 0{,}0000\;001 \sin 6B \sin A \cos^2 A
\end{aligned}
$$

$$
\begin{aligned}
a^4\,\frac{d^4A}{ds^4} = {} & - 23{,}6797\;9 \operatorname{tg}^4 B \sin^3 A \cos A \\
& - 20{,}0522\;9 \operatorname{tg}^2 B \sin^3 A \cos A \\
& - 1{,}0005\;9 \sin^3 A \cos A \\
& - 0{,}0128\;9 \cos 2B \sin^3 A \cos A \\
& - 0{,}0000\;3 \cos 4B \sin^3 A \cos A \\
& + 23{,}6797\;9 \operatorname{tg}^4 B \sin A \cos^3 A \\
& + 27{,}9455\;6 \operatorname{tg}^2 B \sin A \cos^3 A \\
& + 5{,}0405\;8 \sin A \cos^3 A \\
& - 0{,}0002\;2 \cos 2B \sin A \cos^3 A \\
& - 0{,}0000\;6 \cos 4B \sin A \cos^3 A
\end{aligned}
$$

$$
\begin{aligned}
a\,\frac{dL}{ds} = {} & + 0{,}9966\;4767\;0130\;7 \sec B \sin A \\
& + 0{,}0033\;5373\;6992 \cos B \sin A \\
& - 0{,}0000\;0140\;8305 \cos 3B \sin A \\
& + 0{,}0000\;0000\;1182 \cos 5B \sin A
\end{aligned}
$$

$$
\begin{aligned}
a^2\,\frac{d^2L}{ds^2} = {} & + 1{,}9866\;1315\;68 \operatorname{tg} B \sec B \sin A \cos A \\
& + 0{,}0133\;8684\;32 \sin B \sin A \cos A
\end{aligned}
$$

$$
\begin{aligned}
a^3\,\frac{d^3L}{ds^3} = {} & - 1{,}9799\;5337 \sec^3 B \sin^3 A \\
& + 1{,}9599\;4043 \sec B \sin^3 A \\
& + 0{,}0200\;0453 \cos B \sin^3 A \\
& + 0{,}0000\;0843 \cos 3B \sin^3 A \\
& + 5{,}9398\;6012 \sec^3 B \sin A \cos^2 A \\
& - 3{,}8998\;6790 \sec B \sin A \cos^2 A \\
& - 0{,}0265\;3211 \cos B \sin A \cos^2 A \\
& + 0{,}0000\;1692 \cos 3B \sin A \cos^2 A \\
& + 0{,}0000\;0002 \cos 5B \sin A \cos^2 A
\end{aligned}
$$

$$
\begin{aligned}
a^4\,\frac{d^4L}{ds^4} = {} & - 23{,}6797\;91 \operatorname{tg} B \sec^3 B \sin^3 A \cos A \\
& + 15{,}4673\;93 \operatorname{tg} B \sec B \sin^3 A \cos A \\
& + 0{,}1584\;92 \sin B \sin^3 A \cos A \\
& + 23{,}6797\;91 \operatorname{tg} B \sec^3 B \sin A \cos^3 A \\
& - 7{,}5741\;29 \operatorname{tg} B \sec B \sin A \cos^3 A \\
& - 0{,}0521\;14 \sin B \sin A \cos^3 A
\end{aligned}
$$

$$
a^5 \frac{d^5 L}{ds^5} = \begin{array}{lll}
+ & 23{,}6004 \sec^5 B & \sin^5 A \\
- & 38{,}9364 \sec^3 B & \sin^5 A \\
+ & 15{,}1260 \sec B & \sin^5 A \\
+ & 0{,}2099 \cos B & \sin^5 A \\
+ & 0{,}0001 \cos 3\,B & \sin^5 A \\
- & 236{,}0041 \sec^5 B & \sin^3 A \cos^2 A \\
+ & 310{,}6963 \sec^3 B & \sin^3 A \cos^2 A \\
- & 81{,}9430 \sec B & \sin^3 A \cos^2 A \\
- & 0{,}8573 \cos B & \sin^3 A \cos^2 A \\
- & 0{,}0001 \cos 3\,B & \sin^3 A \cos^2 A \\
+ & 118{,}0020 \sec^5 B & \sin A \cos^4 A \\
- & 116{,}0141 \sec^3 B & \sin A \cos^4 A \\
+ & 14{,}0738 \sec B & \sin A \cos^4 A \\
+ & 0{,}1001 \cos B & \sin A \cos^4 A \\
- & 0{,}0001 \cos 3\,B & \sin A \cos^4 A
\end{array}
$$

Für die praktische Rechnung wurden die Tabellenwerte wiederum so bestimmt, daß die Strecke s in der Einheit $1 \cdot 10^{-5}$ m einzuführen ist. An die Differentialquotienten müssen noch Faktoren angebracht werden. Wir erhalten für das Ellipsoid von Krassowski unter Verwendung der Werte

$$a = 6\ 378\ 245 \text{ m}$$

$$\varrho'' = 206\ 264'',8062\ 4709\ 6$$

$$\left(\frac{10^5}{a}\right) \cdot \varrho'' = 3233{,}8802\ 6403\ 965$$

$$\frac{1}{2} \cdot \left(\frac{10^5}{a}\right)^2 \cdot \varrho'' = 25{,}3508\ 6269\ 060$$

$$\frac{1}{6} \cdot \left(\frac{10^5}{a}\right)^3 \cdot \varrho'' = 0{,}1324\ 8609\ 239$$

$$\frac{1}{24} \cdot \left(\frac{10^5}{a}\right)^4 \cdot \varrho'' = 0{,}0005\ 1928\ 8975$$

$$\frac{1}{120} \cdot \left(\frac{10^5}{a}\right)^5 \cdot \varrho'' = 0{,}0000\ 0162\ 8313$$

Führt man ferner ein:

$$u = s \cdot 10^{-5} \cos A$$

$$v = s \cdot 10^{-5} \sin A,$$

und gibt man den Reihen (1) schließlich folgende Gestalt:

$$B_2 = B_1 + b_1 \cdot u + b_2 \cdot v^2 + b_3 \cdot u^2 + b_4 \cdot uv^2 + b_5 \cdot u^3 + b_6 \cdot v^4 + b_7 \cdot u^2 v^2 + b_8 \cdot uv^4 + b_9 \cdot u^3 v^2$$

$$A_{2\,1} = A_{1.2} \pm 180^\circ + a_1 \cdot v + a_2 \cdot uv + a_3 \cdot v^3 + a_4 \cdot u^2 v + a_5 \cdot uv^3 + a_6 \cdot u^3 v$$

$$L_2 = L_1 + l_1 \cdot v + l_2 \cdot uv + l_3 \cdot v^3 + l_4 \cdot u^2 v + l_5 \cdot uv^3 + l_6 \cdot u^3 v + l_7 \cdot v^5 + l_8 \cdot u^2 v^3 + l_9 \cdot u^4 v,$$

so erhält man für die Koeffizienten b_n, l_n $(n = 1 \ldots 9)$ und a_m $(m = 1 \ldots 6)$ folgende Berechnungsgrundlagen:

$$b_1 = \begin{array}{l} +\ 3239{,}3486\ 9084 \\ +\ 16{,}3163\ 1079 \cos 2\,B \\ +\ 0{,}0068\ 4868 \cos 4\,B \\ -\ 0{,}0000\ 0192 \cos 6\,B \end{array}$$

$$b_2 = \begin{array}{l} -\ 25{,}1811\ 7868 \operatorname{tg} B \\ -\ 0{,}1699\ 6987 \sin 2\,B \\ -\ 0{,}0001\ 4293 \sin 4\,B \end{array}$$

$$b_3 = \begin{array}{l} -\ 0{,}2562\ 4476 \sin 2\,B \\ -\ 0{,}0008\ 6045 \sin 4\,B \\ -\ 0{,}0000\ 0072 \sin 6\,B \end{array}$$

$$b_4 = \begin{array}{l} -\ 0{,}3934\ 7443 \operatorname{tg}^2 B \\ -\ 0{,}1320\ 3915 \\ -\ 0{,}0022\ 2259 \cos 2\,B \end{array}$$

$$a_1 = \begin{array}{l} +\ 3223{,}0392\ 3064 \operatorname{tg} B \\ +\ 5{,}4250\ 6908 \sin 2\,B \\ -\ 0{,}0022\ 7906 \sin 4\,B \\ +\ 0{,}0000\ 0191 \sin 6\,B \end{array}$$

$$a_2 = \begin{array}{l} +\ 25{,}5209\ 7548\ 4 \\ +\ 50{,}3623\ 5736 \operatorname{tg}^2 B \\ +\ 0{,}0005\ 7171 \cos 2\,B \\ +\ 0{,}0001\ 4293 \cos 4\,B \end{array}$$

$$a_3 = \begin{array}{l} -\ 0{,}2623\ 1629 \operatorname{tg}^3 B \\ -\ 0{,}1338\ 0958 \operatorname{tg} B \\ +\ 0{,}0002\ 1704 \sin 2\,B \\ -\ 0{,}0000\ 0083 \sin 4\,B \end{array}$$

$$+\ 0{,}7869\ 4885 \operatorname{tg}^3 B$$

$$l_1 = \begin{array}{l} +\ 3223{,}0392\ 3064 \sec B \\ +\ 10{,}8455\ 8387 \cos B \\ -\ 0{,}0045\ 5429 \cos 3\,B \\ +\ 0{,}0000\ 0382 \cos 5\,B \end{array}$$

$$l_2 = \begin{array}{l} +\ 50{,}3623\ 5736 \operatorname{tg} B \sec B \\ +\ 0{,}3393\ 6802 \sin B \end{array}$$

$$l_3 = \begin{array}{l} -\ 0{,}2623\ 1629 \sec^3 B \\ +\ 0{,}2596\ 6485 \sec B \\ +\ 0{,}0026\ 5032 \cos B \\ +\ 0{,}0000\ 0112 \cos 3\,B \end{array}$$

$$l_4 = \begin{array}{l} +\ 0{,}7869\ 4886 \sec^3 B \\ -\ 0{,}5166\ 7826 \sec B \\ -\ 0{,}0035\ 1514 \cos B \end{array}$$

$$
\begin{aligned}
& - 0{,}0000\,1587 \cos 4B \\
& - 0{,}0000\,0003 \cos 6B
\end{aligned}
$$

$$
\begin{aligned}
b_5 = & - 0{,}0000\,0676 \\
& - 0{,}0026\,8290 \cos 2B \\
& - 0{,}0000\,2477 \cos 4B \\
& - 0{,}0000\,0007 \cos 6B
\end{aligned}
$$

$$
\begin{aligned}
b_6 = & + 0{,}0015\,3708 \operatorname{tg}^3 B \\
& + 0{,}0005\,1236 \operatorname{tg} B \\
& + 0{,}0000\,0683 \sin 2B \\
& + 0{,}0000\,0007 \sin 4B
\end{aligned}
$$

$$
\begin{aligned}
b_7 = & - 0{,}0061\,4833 \operatorname{tg}^3 B \\
& - 0{,}0041\,6103 \operatorname{tg} B \\
& + 0{,}0000\,3462 \sin 2B \\
& + 0{,}0000\,0047 \sin 4B
\end{aligned}
$$

$$
\begin{aligned}
b_8 = & + 0{,}0000\,7205 \operatorname{tg}^4 B \\
& + 0{,}0000\,4876 \operatorname{tg}^2 B \\
& + 0{,}0000\,0145 \\
& + 0{,}0000\,0021 \cos 2B
\end{aligned}
$$

$$
\begin{aligned}
b_9 = & - 0{,}0000\,9607 \operatorname{tg}^4 B \\
& - 0{,}0000\,9737 \operatorname{tg}^2 B \\
& - 0{,}0000\,1316 \\
& + 0{,}0000\,0024 \cos 2B \\
& + 0{,}0000\,0001 \cos 4B
\end{aligned}
$$

$$
\begin{aligned}
a_4 = & + 0{,}6637\,4503 \operatorname{tg} B \\
& - 0{,}0002\,1858 \sin 2B \\
& - 0{,}0000\,0217 \sin 4B \\
& - 0{,}0000\,0001 \sin 6B
\end{aligned}
$$

$$
\begin{aligned}
a_5 = & - 0{,}0122\,9665 \operatorname{tg}^4 B \\
& - 0{,}0104\,1293 \operatorname{tg}^2 B \\
& - 0{,}0005\,1960 \\
& - 0{,}0000\,0669 \cos 2B \\
& - 0{,}0000\,0002 \cos 4B
\end{aligned}
$$

$$
\begin{aligned}
a_6 = & + 0{,}0122\,9665 \operatorname{tg}^4 B \\
& + 0{,}0145\,1182 \operatorname{tg}^2 B \\
& + 0{,}0026\,1752 \\
& - 0{,}0000\,0011 \cos 2B \\
& - 0{,}0000\,0003 \cos 4B
\end{aligned}
$$

$$
+ 0{,}0000\,0224 \cos 3B
$$

$$
\begin{aligned}
l_5 = & - 0{,}0122\,9665 \sec^3 B \operatorname{tg} B \\
& + 0{,}0080\,3205 \sec B \operatorname{tg} B \\
& + 0{,}0000\,8230 \sin B
\end{aligned}
$$

$$
\begin{aligned}
l_6 = & + 0{,}0122\,9665 \sec^3 B \operatorname{tg} B \\
& - 0{,}0039\,3316 \sec B \operatorname{tg} B \\
& - 0{,}0000\,2706 \sin B
\end{aligned}
$$

$$
\begin{aligned}
l_7 = & + 0{,}0000\,3843 \sec^5 B \\
& - 0{,}0000\,6340 \sec^3 B \\
& + 0{,}0000\,2463 \sec B \\
& + 0{,}0000\,0034 \cos B
\end{aligned}
$$

$$
\begin{aligned}
l_8 = & - 0{,}0003\,8429 \sec^5 B \\
& + 0{,}0005\,0591 \sec^3 B \\
& - 0{,}0001\,3343 \sec B \\
& - 0{,}0000\,0140 \cos B
\end{aligned}
$$

$$
\begin{aligned}
l_9 = & + 0{,}0001\,9214 \sec^5 B \\
& - 0{,}0001\,8891 \sec^3 B \\
& + 0{,}0000\,2292 \sec B \\
& + 0{,}0000\,0016 \cos B
\end{aligned}
$$

IV.

Das Intervall der Tafeln sollte so eng sein, daß zwischen den Tafelwerten stets linear interpoliert werden kann. Es ergab sich, daß ein Tafelintervall von 10" auch für den größten Wert l_1 die Interpolation mit 2. Differenzen unnötig macht. Es wurden aber nur die 6 größten Werte in diesem Intervall tabuliert, während die 18 weiteren Koeffizienten in einem Abstand von 1' angeführt werden, der bei der geringen Änderung dieser Werte ausreicht, die Tafelwerte ohne umständliche Interpolation direkt aus den Tafeln zu entnehmen.

Die Berechnung der Grundwerte (Intervall für die 6 Hauptkoeffizienten 10', für die übrigen Koeffizienten 30') erfolgte durchweg mit 4 Dezimalstellen mehr als schließlich verwendet wurden, um Ungenauigkeiten bei der nachfolgenden Interpolation aus dem Wege zu gehen. Die Interpolation wurde nach der Stirlingschen Formel durchgeführt. Die numerischen Werte der Winkelfunktionen konnten der Tafel von Křovák, 12-stellige Tafeln der trigonometrischen Funktionen, entnommen werden.

Bei den 6 Hauptkoeffizienten wurden in den Tafeln die stets wiederkehrenden ersten Stellen der Tafelwerte abgespalten und an den Kopf und den Fuß einer jeden Spalte gesetzt. Der Hinweis auf die Änderung der letzten Ziffer der abgespaltenen Zahlen erfolgte durch das Zeichen . Alle Tafelwerte, vor denen das Zeichen ^ steht, müssen mit den abgespaltenen Zahlen, denen dieses Zeichen ^ ebenfalls vorgesetzt ist, zu dem richtigen Tabellenwert vereinigt werden. Z.B. beträgt der Wert des Koeffizienten b_2 für eine Breite von 45°41'30" $b_2 = -25{,}9665$, und für eine Breite von 45°47'10" $b_2 = -26{,}0517$.

Das im Anschluß gebrachte Rechenbeispiel für ein vierstrahliges Zentralsystem, auszugsweise aus der Veröffentlichung von Boltz entnommen, dürfte die Handhabung der vorliegenden Tafeln für einen geübten Rechner genügend erläutern. Dem ungeübten Rechner kann das Studium des § 3 in der Veröffentlichung von Boltz angeraten werden.

Die Ableitungen, ihre numerische Auswertung und die Berechnung der Mehrzahl der Grundwerte wurde von mir selbst durchgeführt. An den Interpolationsrechnungen, Rechenkontrollen und der Fertigung und Korrektur des Manuskripts waren vor allem Herr Herrmann, neben ihm sämtliche Rechnerinnen und Rechner der Abteilung, Herr Scheil, Fräulein Herrmann, Frau Weise, Fräulein Rust, Fräulein Geppert, Fräulein Stobbe und Fräulein Liß beteiligt. Frau Kaatz fertigte die Reinschrift an mit der großen Sorgfalt, die für eine solche Arbeit notwendig ist.

D. Schoeps.

				P_2	P_3	P_4	P_5
			A_1	31°51'35",20	104°54'58",48	203°31'20",93	328°12'36",75
			sin A_1	+ 0,5278 4221	+ 0,9663 0314	- 0,3991 0886	- 0,5268 0436
			$s \cdot 10^{-5}$	6833 8462	2382 5312	3604 7388	9748 3516
			cos A_1	+ 8493 4245	- 2574 0677	- 9169 0336	+ 8499 8657
	a_1...	l_1....	 v	+ 3607 1925	+ 2302 2474	- 1438 6832	- 5135 4741
b_1...	.....	......	.... u	+ 5804 2757	- 0613 2797	- 3305 1978	+ 8285 9679
b_2...	.....	......	.... v^2	+ 1301 184	+ 0530 034	+ 0206 981	+ 2637 309
	a_2...	l_2....	...$u\ v$	+ 2093 714	- 0141 192	+ 0475 513	- 4255 237
b_3...	.....	......	...u^2	+ 3368 962	+ 0037 611	+ 1092 433	+ 6865 726
	a_3...	l_3....	.... v^3	+ 0469 4	+ 0122 0	- 0029 8	- 1354 4
b_4...	.....	......	...$u\ v^2$	+ 0755 2	- 0032 5	- 0068 4	+ 2185 3
	a_4...	l_4....	...u^2v	+ 1215 2	+ 0008 7	- 0157 2	- 3525 9
b_5...	.....	......	..u^3	+ 1955 4	- 0002 3	- 0361 1	+ 5688 9
b_6...	.....	......	.... v^4	+ 0169	+ 0028	+ 0004	+ 0696
	a_5...	l_5....	...$u\ v^3$	+ 0272	- 0007	+ 0010	- 1122
b_7...	.....	......	...u^2v^2	+ 0438	+ 0002	+ 0023	+ 1811
	a_6...	l_6....	...u^3v	+ 0705	- 0001	+ 0052	- 2922
			...u^4	+ 1135	+ 0000	+ 0119	+ 4714
		l_7....	.... v^5	+ 006	+ 001	- 000	- 036
b_8...	.....	......	...$u\ v^4$	+ 010	- 000	- 000	+ 058
		l_8....	...u^2v^3	+ 016	+ 000	- 000	- 093
b_9...	.....	......	...u^3v^2	+ 025	- 000	- 001	+ 150
		l_9....	...u^4v	+ 041	+ 000	- 002	- 242
b_1 = + 3235",1543			b_1u	+ 1877",7727 5	- 198",4054 5	- 1069",2824 9	+ 2680",6384 7
b_2 = - 32 ,9067			b_2v^2	- 4 ,2817 7	- 1 ,7441 7	- 0 ,6811 1	- 8 ,6785 1
b_3 = - 0 ,2472			b_3u^2	- 0 ,0832 8	- 0 ,0009 3	- 0 ,0270 0	- 0 ,1697 2
b_4 = - 0 ,7967			$b_4u\ v^2$	- 0 ,0601 7	+ 0 ,0025 9	+ 0 ,0054 5	- 0 ,1741 0
b_5 = + 0 ,0007			b_5u^3	+ 0 ,0001 4	- 0 ,0000 0	- 0 ,0000 3	+ 0 ,0004 0
b_6 = + 0 ,0041			b_6v^4	+ 0 ,0000 7	+ 0 ,0000 1	+ 0 ,0000 0	+ 0 ,0002 9
b_7 = - 0 ,0189			$b_7u^2v^2$	- 0 ,0008 3	- 0 ,0000 0	- 0 ,0000 4	- 0 ,0034 2
b_8 = + 0 ,0003			$b_8u\ v^4$	+ 0 ,0000 0	- 0 ,0000 0	- 0 ,0000 0	+ 0 ,0000 2
b_9 = - 0 ,0005			$b_9u^3v^2$	- 0 ,0000 1	+ 0 ,0000 0	+ 0 ,0000 0	- 0 ,0000 8
			ΔB	+ 1873",3469 0	- 200",1479 5	- 1069",9852 2	+ 2671",6133 5
			ΔB	+ 31'13",3469	- 03'20",1480	- 17'49",9852	+ 44'31",6134
			B_1	52°26'14",1305	52°26'14",1305	52°26'14",1305	52°26'14",1305
			B	52°57'27",4774	52°22'53",9825	52°08'24",1453	53°10'45",7439
a_1 = + 4196",081			a_1v	+ 1513",607 2	+ 966",041 7	- 603",683 1	- 2154",886 5
a_2 = + 110,669			$a_2u\ v$	+ 23 ,170 9	- 1 ,562 6	+ 5 ,262 5	- 47 ,092 3
a_3 = - 0,750			a_3v^3	- 0 ,035 2	- 0 ,009 2	+ 0 ,002 2	+ 0 ,101 6
a_4 = + 2,593			a_4u^2v	+ 0 ,315 1	+ 0 ,002 3	- 0 ,040 8	- 0 ,914 3
a_5 = - 0,053			$a_5u\ v^3$	- 0 ,001 4	+ 0 ,000 0	- 0 ,000 1	+ 0 ,005 9
a_6 = + 0,062			a_6u^3v	+ 0 ,004 4	- 0 ,000 0	+ 0 ,000 3	- 0 ,018 1
			ΔA	+ 1537",061 0	+ 964",472 2	- 598",459 0	- 2202",803 7
			ΔA	+ 25'37",061	+ 16'04",472	- 09'58",459	- 36'42",804
			180°+A_1	211°51'35",200	284°54'58",480	23°31'20",930	148°12'36",750
			A	212°17'12",261	285°11'02",952	23°21'22",471	147°35'53",946
l_1 = + 5293",4952			l_1v	+ 1909",4656 2	+ 1218",6935 6	- 761",5662 6	- 2718",4607 5
l_2 = + 107,6865			$l_2u\ v$	+ 22 ,5464 7	- 1 ,5204 5	+ 5 ,1206 3	- 45 ,8231 6
l_3 = - 0,7303			l_3v^3	- 0 ,0342 8	- 0 ,0089 1	+ 0 ,0021 8	+ 0 ,0989 1
l_4 = + 2,6236			l_4u^2v	+ 0 ,3188 2	+ 0 ,0022 8	- 0 ,0412 4	- 0 ,9250 6
l_5 = - 0,0533			$l_5u\ v^3$	- 0 ,0014 5	+ 0 ,0000 4	- 0 ,0000 5	+ 0 ,0059 8
l_6 = + 0,0621			l_6u^3v	+ 0 ,0043 8	- 0 ,0000 1	+ 0 ,0003 2	- 0 ,0181 5
l_7 = + 0,0002			l_7v^5	+ 0 ,0000 0	+ 0 ,0000 0	- 0 ,0000 0	- 0 ,0000 1
l_8 = - 0,0025			$l_8u^2v^3$	- 0 ,0000 4	- 0 ,0000 0	+ 0 ,0000 0	+ 0 ,0002 3
l_9 = + 0,0015			l_9u^4v	+ 0 ,0000 6	+ 0 ,0000 0	- 0 ,0000 0	- 0 ,0003 6
			ΔL	+ 1932",2995 8	+ 1217",1665 1	- 756",4844 2	- 2765",1223 7
			ΔL	+ 32'12",2996	+ 20'17",1665	- 12'36",4844	- 46'05",1224
			L_1	12°43'43",8004	12°43'43",8004	12°43'43",8004	12°43'43",8004
			L	13°15'56",1000	13°04'00",9669	12°31'07",3160	11°57'38",6780

TAFELN ZUR LÖSUNG
DER 1. GEODÄTISCHEN HAUPTAUFGABE
AUF DEM ELLIPSOID VON KRASSOWSKI

45°

′	″	15	25	313	10	2206	104
		b_1	b_2	a_1	a_2	l_1	l_2
		+3239,	-25,	+32	+75,	+45	+71,
0	0	3418	3511	28,464	^883	65,7380	4631
	10	3403	3536	28,777	^893	65,9586	4735
	20	3387	3560	29,089	^903	66,1793	4838
	30	3371	3585	29,402	^912	66,4000	4942
	40	3355	3609	29,715	^922	66,6207	5046
	50	3339	3634	30,027	^932	66,8414	5150
1	0	3323	3658	30,340	^942	67,0622	5254
	10	3308	3682	30,653	^952	67,2831	5357
	20	3292	3707	30,965	^961	67,5039	5461
	30	3276	3731	31,278	^971	67,7248	5565
	40	3260	3756	31,591	^981	67,9457	5669
	50	3244	3780	31,904	^991	68,1666	5773
2	0	3229	3805	32,217	001	68,3876	5877
	10	3213	3829	32,530	010	68,6086	5981
	20	3197	3854	32,842	020	68,8297	6085
	30	3181	3878	33,155	030	69,0508	6189
	40	3165	3902	33,468	040	69,2719	6293
	50	3149	3927	33,781	049	69,4930	6397
3	0	3134	3951	34,094	059	69,7142	6501
	10	3118	3976	34,408	069	69,9354	6605
	20	3102	4000	34,721	079	70,1566	6709
	30	3086	4025	35,034	089	70,3779	6813
	40	3070	4049	35,347	099	70,5992	6917
	50	3055	4074	35,660	108	70,8205	7021
4	0	3039	4098	35,973	118	71,0419	7125
	10	3023	4123	36,287	128	71,2633	7229
	20	3007	4147	36,600	138	71,4847	7334
	30	2991	4172	36,913	148	71,7062	7438
	40	2975	4196	37,227	157	71,9277	7542
	50	2960	4221	37,540	167	72,1492	7646
5	0	2944	4245	37,853	177	72,3708	7750
	10	2928	4270	38,167	187	72,5924	7855
	20	2912	4294	38,480	197	72,8140	7959
	30	2896	4318	38,794	207	73,0356	8063
	40	2881	4343	39,107	216	73,2573	8168
	50	2865	4367	39,421	226	73,4791	8272
6	0	2849	4392	39,734	236	73,7008	8376
	10	2833	4416	40,048	246	73,9226	8481
	20	2817	4441	40,362	256	74,1444	8585
	30	2801	4466	40,675	266	74,3663	8690
	40	2786	4490	40,989	275	74,5882	8794
	50	2770	4515	41,303	285	74,8101	8898
7	0	2754	4539	41,617	295	75,0320	9003
	10	2738	4564	41,930	305	75,2540	9107
	20	2722	4588	42,244	315	75,4760	9212
	30	2706	4613	42,558	325	75,6981	9316
	40	2691	4637	42,872	334	75,9201	9421
	50	2675	4662	43,186	344	76,1422	9526
8	0	2659	4686	43,500	354	76,3644	9630
	10	2643	4711	43,814	364	76,5866	9735
	20	2627	4735	44,128	374	76,8088	9839
	30	2612	4760	44,442	384	77,0310	9944
	40	2596	4784	44,756	394	77,2533	^0049
	50	2580	4809	45,070	403	77,4756	^0153
9	0	2564	4833	45,384	413	77,6979	^0258
	10	2548	4858	45,699	423	77,9203	^0363
	20	2532	4882	46,013	433	78,1427	^0468
	30	2517	4907	46,327	443	78,3651	^0572
	40	2501	4932	46,641	453	78,5876	^0677
	50	2485	4956	46,956	463	78,8101	^0782
10	0	2469	4981	47,270	473	79,0326	^0887
		+3239,	-25,	+32	+76,	+45	^+72,
′	″	16	25	314	10	2225	105

45°

′	″	16	24	314	9	2226	104
		b_1	b_2	a_1	a_2	l_1	l_2
		+3239,	-25,	+32	+76,	+45	+72,
10	0	2469	4981	47,270	473	79,0326	0887
	10	2453	5005	47,584	482	79,2552	0991
	20	2438	5030	47,899	492	79,4778	1096
	30	2422	5054	48,213	502	79,7004	1201
	40	2406	5079	48,527	512	79,9231	1306
	50	2390	5104	48,842	522	80,1458	1411
11	0	2374	5128	49,156	532	80,3685	1516
	10	2358	5153	49,471	542	80,5912	1621
	20	2343	5177	49,786	552	80,8140	1726
	30	2327	5202	50,100	562	81,0369	1831
	40	2311	5226	50,415	572	81,2597	1936
	50	2295	5251	50,729	581	81,4826	2041
12	0	2279	5276	51,044	591	81,7055	2146
	10	2264	5300	51,359	601	81,9285	2251
	20	2248	5325	51,674	611	82,1515	2356
	30	2232	5349	51,988	621	82,3745	2461
	40	2216	5374	52,303	631	82,5975	2566
	50	2200	5399	52,618	641	82,8206	2671
13	0	2184	5423	52,933	651	83,0437	2776
	10	2169	5448	53,248	661	83,2669	2882
	20	2153	5472	53,563	671	83,4901	2987
	30	2137	5497	53,878	681	83,7133	3092
	40	2121	5522	54,193	690	83,9365	3197
	50	2105	5546	54,508	700	84,1598	3302
14	0	2090	5571	54,823	710	84,3831	3408
	10	2074	5595	55,138	720	84,6065	3513
	20	2058	5620	55,453	730	84,8298	3618
	30	2042	5645	55,768	740	85,0533	3724
	40	2026	5669	56,083	750	85,2767	3829
	50	2010	5694	56,399	760	85,5002	3934
15	0	1995	5719	56,714	770	85,7237	4040
	10	1979	5743	57,029	780	85,9472	4145
	20	1963	5768	57,344	790	86,1708	4250
	30	1947	5792	57,660	800	86,3944	4356
	40	1931	5817	57,975	810	86,6180	4461
	50	1915	5842	58,291	820	86,8417	4567
16	0	1900	5866	58,606	830	87,0654	4672
	10	1884	5891	58,921	840	87,2892	4778
	20	1868	5916	59,237	849	87,5129	4883
	30	1852	5940	59,552	859	87,7367	4989
	40	1836	5965	59,868	869	87,9606	5094
	50	1821	5990	60,184	879	88,1844	5200
17	0	1805	6014	60,499	889	88,4083	5306
	10	1789	6039	60,815	899	88,6323	5411
	20	1773	6064	61,131	909	88,8562	5517
	30	1757	6088	61,446	919	89,0802	5623
	40	1741	6113	61,762	929	89,3043	5728
	50	1726	6138	62,078	939	89,5283	5834
18	0	1710	6162	62,394	949	89,7524	5940
	10	1694	6187	62,709	959	89,9765	6045
	20	1678	6212	63,025	969	90,2007	6151
	30	1662	6236	63,341	979	90,4249	6257
	40	1647	6261	63,657	989	90,6491	6363
	50	1631	6286	63,973	999	90,8734	6468
19	0	1615	6310	64,289	^009	91,0977	6574
	10	1599	6335	64,605	^019	91,3220	6680
	20	1583	6360	64,921	^029	91,5464	6786
	30	1567	6384	65,237	^039	91,7708	6892
	40	1552	6409	65,553	^049	91,9952	6998
	50	1536	6434	65,869	^059	92,2196	7104
20	0	1520	6458	66,186	^069	92,4441	7210
		+3239,	-25,	+32	^+77,	+45	+72,
′	″	16	24	317	10	2245	106

45°

'	"	16 b_1	25 b_2	316 a_1	10 a_2	2245 l_1	106 l_2
		+3239,	-25,	+32	+77,	+45	^+72,
20	0	1520	6458	66,186	069	92,4441	^7210
	10	1504	6483	66,502	079	92,6686	^7316
	20	1488	6508	66,818	089	92,8932	^7422
	30	1473	6533	67,134	099	93,1178	^7528
	40	1457	6557	67,451	109	93,3424	^7634
	50	1441	6582	67,767	119	93,5671	^7740
21	0	1425	6607	68,083	129	93,7918	^7846
	10	1409	6631	68,400	139	94,0165	^7952
	20	1393	6656	68,716	149	94,2412	^8058
	30	1378	6681	69,033	159	94,4660	^8164
	40	1362	6706	69,349	169	94,6908	^8270
	50	1346	6730	69,666	179	94,9157	^8376
22	0	1330	6755	69,982	189	95,1406	^8482
	10	1314	6780	70,299	199	95,3655	^8589
	20	1299	6805	70,615	209	95,5904	^8695
	30	1283	6829	70,932	219	95,8154	^8801
	40	1267	6854	71,249	229	96,0404	^8907
	50	1251	6879	71,565	239	96,2655	^9013
23	0	1235	6903	71,882	249	96,4906	^9120
	10	1219	6928	72,199	259	96,7157	^9226
	20	1204	6953	72,516	269	96,9408	^9332
	30	1188	6978	72,832	279	97,1660	^9439
	40	1172	7002	73,149	289	97,3912	^9545
	50	1156	7027	73,466	299	97,6165	^9651
24	0	1140	7052	73,783	309	97,8417	^9758
	10	1125	7077	74,100	319	98,0671	^9864
	20	1109	7102	74,417	330	98,2924	^9971
	30	1093	7126	74,734	340	98,5178	0077
	40	1077	7151	75,051	350	98,7432	0184
	50	1061	7176	75,368	360	98,9686	0290
25	0	1045	7201	75,685	370	99,1941	0397
	10	1030	7225	76,002	380	99,4196	0503
	20	1014	7250	76,320	390	99,6452	0610
	30	0998	7275	76,637	400	99,8707	0716
	40	0982	7300	76,954	410	^00,0963	0823
	50	0966	7325	77,271	420	^00,3220	0929
26	0	0951	7349	77,589	430	^00,5477	1036
	10	0935	7374	77,906	440	^00,7734	1143
	20	0919	7399	78,223	450	^00,9991	1249
	30	0903	7424	78,541	460	^01,2249	1356
	40	0887	7448	78,858	470	^01,4507	1463
	50	0871	7473	79,175	480	^01,6765	1570
27	0	0856	7498	79,493	491	^01,9024	1676
	10	0840	7523	79,810	501	^02,1283	1783
	20	0824	7548	80,128	511	^02,3543	1890
	30	0808	7572	80,446	521	^02,5802	1997
	40	0792	7597	80,763	531	^02,8062	2103
	50	0777	7622	81,081	541	^03,0323	2210
28	0	0761	7647	81,398	551	^03,2583	2317
	10	0745	7672	81,716	561	^03,4844	2424
	20	0729	7697	82,034	571	^03,7106	2531
	30	0713	7721	82,352	581	^03,9368	2638
	40	0697	7746	82,669	591	^04,1630	2745
	50	0682	7771	82,987	602	^04,3892	2852
29	0	0666	7796	83,305	612	^04,6155	2959
	10	0650	7821	83,623	622	^04,8418	3066
	20	0634	7846	83,941	632	^05,0681	3173
	30	0618	7870	84,259	642	^05,2945	3280
	40	0603	7895	84,577	652	^05,5209	3387
	50	0587	7920	84,895	662	^05,7473	3494
30	0	0571	7945	85,213	672	^05,9738	3601
		+3239,	-25,	+32	+77,	^+46	+73,
'	"	16	25	318	10	2265	107

45°

'	"	16 b_1	25 b_2	318 a_1	10 a_2	2265 l_1	107 l_2
		+3239,	-25,	+32	+77,	+46	+73,
30	0	0571	7945	85,213	672	05,9738	3601
	10	0555	7970	85,531	682	06,2003	3708
	20	0539	7995	85,849	693	06,4268	3815
	30	0523	8019	86,167	703	06,6534	3922
	40	0508	8044	86,485	713	06,8800	4029
	50	0492	8069	86,804	723	07,1066	4137
31	0	0476	8094	87,122	733	07,3333	4244
	10	0460	8119	87,440	743	07,5600	4351
	20	0444	8144	87,758	753	07,7867	4458
	30	0429	8169	88,077	763	08,0135	4566
	40	0413	8194	88,395	774	08,2403	4673
	50	0397	8218	88,713	784	08,4671	4780
32	0	0381	8243	89,032	794	08,6940	4887
	10	0365	8268	89,350	804	08,9209	4995
	20	0349	8293	89,669	814	09,1478	5102
	30	0334	8318	89,987	824	09,3748	5209
	40	0318	8343	90,306	834	09,6018	5317
	50	0302	8368	90,624	845	09,8288	5424
33	0	0286	8393	90,943	855	10,0559	5532
	10	0270	8417	91,262	865	10,2830	5639
	20	0255	8442	91,580	875	10,5101	5747
	30	0239	8467	91,899	885	10,7373	5854
	40	0223	8492	92,218	895	10,9645	5962
	50	0207	8517	92,536	905	11,1917	6069
34	0	0191	8542	92,855	916	11,4190	6177
	10	0175	8567	93,174	926	11,6463	6284
	20	0160	8592	93,493	936	11,8736	6392
	30	0144	8617	93,812	946	12,1010	6500
	40	0128	8642	94,131	956	12,3284	6607
	50	0112	8667	94,450	966	12,5558	6715
35	0	0096	8691	94,769	977	12,7833	6822
	10	0081	8716	95,088	987	13,0108	6930
	20	0065	8741	95,407	997	13,2384	7038
	30	0049	8766	95,726	^007	13,4659	7146
	40	0033	8791	96,045	^017	13,6935	7253
	50	0017	8816	96,364	^028	13,9212	7361
36	0	0001	8841	96,683	^038	14,1488	7469
	10	^9986	8866	97,002	^048	14,3765	7577
	20	^9970	8891	97,322	^058	14,6043	7684
	30	^9954	8916	97,641	^068	14,8320	7792
	40	^9938	8941	97,960	^078	15,0598	7900
	50	^9922	8966	98,280	^089	15,2877	8008
37	0	^9907	8991	98,599	^099	15,5155	8116
	10	^9891	9016	98,918	^109	15,7434	8224
	20	^9875	9041	99,238	^119	15,9714	8332
	30	^9859	9066	99,557	^129	16,1993	8440
	40	^9843	9090	99,877	^140	16,4273	8548
	50	^9827	9115	^00,196	^150	16,6554	8656
38	0	^9812	9140	^00,516	^160	16,8834	8764
	10	^9796	9165	^00,835	^170	17,1115	8872
	20	^9780	9190	^01,155	^181	17,3397	8980
	30	^9764	9215	^01,475	^191	17,5678	9088
	40	^9748	9240	^01,794	^201	17,7960	9196
	50	^9733	9265	^02,114	^211	18,0243	9304
39	0	^9717	9290	^02,434	^221	18,2525	9412
	10	^9701	9315	^02,754	^232	18,4809	9520
	20	^9685	9340	^03,073	^242	18,7092	9629
	30	^9669	9365	^03,393	^252	18,9376	9737
	40	^9653	9390	^03,713	^262	19,1660	9845
	50	^9638	9415	^04,033	^273	19,3944	9953
40	0	^9622	9440	^04,353	^283	19,6229	^0062
		^+3238,	-25,	^+33	^+78,	+46	^+74,
'	"	16	25	320	10	2285	109

45°

'	"	16	25	320	10	2285	108
		b_1	b_2	a_1	a_2	l_1	l_2
		+3238,	^-25,	+33	+78,	+46	+74,
40	0	9622	^9440	04,353	283	19,6229	0062
	10	9606	^9465	04,673	293	19,8514	0170
	20	9590	^9490	04,993	303	20,0799	0278
	30	9574	^9515	05,313	313	20,3085	0386
	40	9559	^9540	05,633	324	20,5371	0495
	50	9543	^9565	05,953	334	20,7657	0603
41	0	9527	^9590	06,273	344	20,9944	0711
	10	9511	^9615	06,593	354	21,2231	0820
	20	9495	^9640	06,914	365	21,4518	0928
	30	9480	^9665	07,234	375	21,6806	1037
	40	9464	^9690	07,554	385	21,9094	1145
	50	9448	^9715	07,874	395	22,1383	1254
42	0	9432	^9740	08,195	406	22,3671	1362
	10	9416	^9765	08,515	416	22,5960	1471
	20	9400	^9790	08,835	426	22,8250	1579
	30	9385	^9815	09,156	437	23,0540	1688
	40	9369	^9840	09,476	447	23,2830	1796
	50	9353	^9865	09,797	457	23,5120	1905
43	0	9337	^9890	10,117	467	23,7411	2013
	10	9321	^9915	10,438	478	23,9702	2122
	20	9306	^9941	10,758	488	24,1993	2231
	30	9290	^9966	11,079	498	24,4285	2339
	40	9274	^9991	11,399	508	24,6577	2448
	50	9258	0016	11,720	519	24,8870	2557
44	0	9242	0041	12,041	529	25,1162	2665
	10	9226	0066	12,362	539	25,3455	2774
	20	9211	0091	12,682	550	25,5749	2883
	30	9195	0116	13,003	560	25,8043	2992
	40	9179	0141	13,324	570	26,0337	3100
	50	9163	0166	13,645	580	26,2631	3209
45	0	9147	0191	13,966	591	26,4926	3318
	10	9132	0216	14,287	601	26,7221	3427
	20	9116	0241	14,608	611	26,9517	3536
	30	9100	0266	14,928	622	27,1812	3645
	40	9084	0291	15,250	632	27,4109	3754
	50	9068	0316	15,571	642	27,6405	3863
46	0	9053	0342	15,892	653	27,8702	3972
	10	9037	0367	16,213	663	28,0999	4081
	20	9021	0392	16,534	673	28,3297	4190
	30	9005	0417	16,855	683	28,5594	4299
	40	8989	0442	17,176	694	28,7893	4408
	50	8973	0467	17,497	704	29,0191	4517
47	0	8958	0492	17,819	714	29,2490	4626
	10	8942	0517	18,140	725	29,4789	4735
	20	8926	0542	18,461	735	29,7089	4844
	30	8910	0567	18,783	745	29,9388	4953
	40	8894	0592	19,104	756	30,1689	5062
	50	8879	0618	19,426	766	30,3989	5171
48	0	8863	0643	19,747	776	30,6290	5281
	10	8847	0668	20,069	787	30,8591	5390
	20	8831	0693	20,390	797	31,0893	5499
	30	8816	0718	20,712	807	31,3195	5608
	40	8799	0743	21,033	818	31,5497	5718
	50	8784	0768	21,355	828	31,7799	5827
49	0	8768	0793	21,676	838	32,0102	5936
	10	8752	0819	21,998	849	32,2406	6046
	20	8736	0844	22,320	859	32,4709	6155
	30	8720	0869	22,642	869	32,7013	6264
	40	8705	0894	22,963	880	32,9317	6374
	50	8689	0919	23,285	890	33,1622	6483
50	0	8673	0944	23,607	900	33,3927	6593
		+3238,	-26,	+33	+78,	+46	+74,
'	"	16	25	322	10	2305	110

45°

'	"	16	25	322	11	2305	109
		b_1	b_2	a_1	a_2	l_1	l_2
		+3238,	-26,	+33	^+78,	+46	+74,
50	0	8673	0944	23,607	^900	33,3927	6593
	10	8657	0969	23,929	^911	33,6232	6702
	20	8641	0995	24,251	^921	33,8538	6811
	30	8626	1020	24,573	^932	34,0844	6921
	40	8610	1045	24,895	^942	34,3150	7030
	50	8594	1070	25,217	^952	34,5457	7140
51	0	8578	1095	25,539	^963	34,7764	7250
	10	8562	1120	25,861	^973	35,0071	7359
	20	8546	1145	26,183	^983	35,2379	7469
	30	8531	1171	26,505	^994	35,4687	7578
	40	8515	1196	26,827	004	35,6995	7688
	50	8499	1221	27,150	015	35,9304	7798
52	0	8483	1246	27,472	025	36,1613	7907
	10	8467	1271	27,794	035	36,3922	8017
	20	8452	1296	28,116	046	36,6232	8127
	30	8436	1322	28,439	056	36,8542	8236
	40	8420	1347	28,761	066	37,0852	8346
	50	8404	1372	29,083	077	37,3163	8456
53	0	8388	1397	29,406	087	37,5474	8566
	10	8373	1422	29,728	098	37,7785	8676
	20	8357	1448	30,051	108	38,0097	8785
	30	8341	1473	30,373	118	38,2409	8895
	40	8325	1498	30,696	129	38,4721	9005
	50	8309	1523	31,018	139	38,7034	9115
54	0	8293	1548	31,341	150	38,9347	9225
	10	8278	1574	31,664	160	39,1661	9335
	20	8262	1599	31,986	170	39,3974	9445
	30	8246	1624	32,309	181	39,6288	9555
	40	8230	1649	32,632	191	39,8603	9665
	50	8214	1674	32,955	202	40,0918	9775
55	0	8199	1700	33,277	212	40,3233	9885
	10	8183	1725	33,600	222	40,5548	^9995
	20	8167	1750	33,923	233	40,7864	^0105
	30	8151	1775	34,246	243	41,0180	^0215
	40	8135	1801	34,569	254	41,2497	^0325
	50	8120	1826	34,892	264	41,4814	^0435
56	0	8104	1851	35,215	275	41,7131	^0545
	10	8088	1876	35,538	285	41,9448	^0656
	20	8072	1901	35,861	295	42,1766	^0766
	30	8056	1927	36,184	306	42,4084	^0876
	40	8040	1952	36,507	316	42,6403	^0986
	50	8025	1977	36,830	327	42,8722	^1096
57	0	8009	2002	37,154	337	43,1041	^1207
	10	7993	2028	37,477	348	43,3361	^1317
	20	7977	2053	37,800	358	43,5681	^1427
	30	7961	2078	38,123	369	43,8001	^1538
	40	7946	2103	38,447	379	44,0321	^1648
	50	7930	2129	38,770	389	44,2642	^1758
58	0	7914	2154	39,094	400	44,4964	^1869
	10	7898	2179	39,417	410	44,7285	^1979
	20	7882	2204	39,740	421	44,9607	^2090
	30	7867	2230	40,064	431	45,1929	^2200
	40	7851	2255	40,387	442	45,4252	^2311
	50	7835	2280	40,711	452	45,6575	^2421
59	0	7819	2306	41,035	463	45,8898	^2532
	10	7803	2331	41,358	473	46,1222	^2642
	20	7788	2356	41,682	484	46,3546	^2753
	30	7772	2381	42,005	494	46,5870	^2863
	40	7756	2407	42,329	505	46,8195	^2974
	50	7740	2432	42,653	515	47,0520	^3084
60	0	7724	2457	42,977	526	47,2846	^3195
		+3238,	-26,	+33	^+75,	+46	+75,
'	"	16	25	324	11	2326	111

46°

'	"	16	26	324	10	2325	111
		b_1	b_2	a_1	a_2	l_1	l_2
		+3238,	-26,	+33	+79,	+46	+75,
0	0	7724	2457	42,977	526	47,2846	3195
	10	7708	2483	43,301	536	47,5171	3306
	20	7693	2508	43,624	546	47,7497	3416
	30	7677	2533	43,948	557	47,9824	3527
	40	7661	2558	44,272	567	48,2151	3638
	50	7645	2584	44,596	578	48,4478	3749
1	0	7629	2609	44,920	588	48,6805	3859
	10	7614	2634	45,244	599	48,9133	3970
	20	7598	2660	45,568	609	49,1461	4081
	30	7582	2685	45,892	620	49,3790	4192
	40	7566	2710	46,216	630	49,6118	4303
	50	7550	2736	46,540	641	49,8447	4413
2	0	7535	2761	46,865	651	50,0777	4524
	10	7519	2786	47,189	662	50,3107	4635
	20	7503	2812	47,513	672	50,5437	4746
	30	7487	2837	47,837	683	50,7768	4857
	40	7471	2862	48,162	693	51,0098	4968
	50	7456	2888	48,486	704	51,2430	5079
3	0	7440	2913	48,810	714	51,4761	5190
	10	7424	2938	49,135	725	51,7093	5301
	20	7408	2964	49,459	736	51,9425	5412
	30	7392	2989	49,784	746	52,1758	5523
	40	7376	3014	50,108	757	52,4091	5634
	50	7361	3040	50,433	767	52,6424	5745
4	0	7345	3065	50,757	778	52,8758	5856
	10	7329	3090	51,082	788	53,1092	5968
	20	7313	3116	51,406	799	53,3426	6079
	30	7297	3141	51,731	809	53,5761	6190
	40	7282	3167	52,056	820	53,8096	6301
	50	7266	3192	52,381	830	54,0431	6412
5	0	7250	3217	52,705	841	54,2767	6524
	10	7234	3243	53,030	851	54,5103	6635
	20	7218	3268	53,355	862	54,7439	6746
	30	7203	3293	53,680	872	54,9776	6857
	40	7187	3319	54,005	883	55,2113	6969
	50	7171	3344	54,330	894	55,4450	7080
6	0	7155	3369	54,655	904	55,6788	7191
	10	7139	3395	54,980	915	55,9126	7303
	20	7124	3420	55,305	925	56,1465	7414
	30	7108	3446	55,630	936	56,3804	7526
	40	7092	3471	55,955	946	56,6143	7637
	50	7076	3496	56,280	957	56,8482	7749
7	0	7060	3522	56,605	967	57,0822	7860
	10	7044	3547	56,930	978	57,3162	7972
	20	7029	3573	57,255	989	57,5503	8083
	30	7013	3598	57,581	999	57,7844	8195
	40	6997	3623	57,906	^010	58,0185	8306
	50	6981	3649	58,231	^020	58,2526	8418
8	0	6965	3674	58,557	^031	58,4868	8529
	10	6950	3700	58,882	^042	58,7211	8641
	20	6934	3725	59,207	^052	58,9553	8753
	30	6918	3751	59,533	^063	59,1896	8864
	40	6902	3776	59,858	^073	59,4239	8976
	50	6886	3801	60,184	^084	59,6583	9088
9	0	6871	3827	60,509	^094	59,8927	9199
	10	6855	3852	60,835	^105	60,1271	9311
	20	6839	3878	61,161	^116	60,3616	9423
	30	6823	3903	61,486	^126	60,5961	9535
	40	6807	3929	61,812	^137	60,8306	9647
	50	6792	3954	62,138	^147	61,0652	9758
10	0	6776	3979	62,463	^158	61,2998	9870
		+3238,	-26,	+33	^+80,	+46	+75,
'	"	16	25	325	11	2346	112

46°

'	"	16	26	326	11	2347	112
		b_1	b_2	a_1	a_2	l_1	l_2
		+3238,	-26,	+33	+80,	+46	^+75,
10	0	6776	3979	62,463	158	61,2998	^9870
	10	6760	4005	62,789	169	61,5345	^9982
	20	6744	4030	63,115	179	61,7691	0094
	30	6728	4056	63,441	190	62,0039	0206
	40	6713	4081	63,767	200	62,2386	0318
	50	6697	4107	64,092	211	62,4734	0430
11	0	6681	4132	64,418	222	62,7082	0542
	10	6665	4158	64,744	232	62,9430	0654
	20	6649	4183	65,070	243	63,1779	0766
	30	6634	4209	65,396	254	63,4128	0878
	40	6618	4234	65,722	264	63,6478	0990
	50	6602	4260	66,049	275	63,8828	1102
12	0	6586	4285	66,375	285	64,1178	1214
	10	6570	4310	66,701	296	64,3529	1326
	20	6554	4336	67,027	307	64,5880	1438
	30	6539	4361	67,353	317	64,8231	1551
	40	6523	4387	67,680	328	65,0582	1663
	50	6507	4412	68,006	339	65,2934	1775
13	0	6491	4438	68,332	349	65,5287	1887
	10	6475	4463	68,659	360	65,7639	1999
	20	6460	4489	68,985	371	65,9992	2112
	30	6444	4514	69,311	381	66,2346	2224
	40	6428	4540	69,638	392	66,4699	2336
	50	6412	4565	69,964	402	66,7053	2449
14	0	6396	4591	70,291	413	66,9408	2561
	10	6381	4616	70,617	424	67,1763	2673
	20	6365	4642	70,944	434	67,4118	2786
	30	6349	4667	71,271	445	67,6473	2898
	40	6333	4693	71,597	456	67,8829	3011
	50	6317	4718	71,924	466	68,1185	3123
15	0	6302	4744	72,251	477	68,3542	3235
	10	6286	4770	72,578	488	68,5898	3348
	20	6270	4795	72,904	498	68,8256	3460
	30	6254	4821	73,231	509	69,0613	3573
	40	6238	4846	73,558	520	69,2971	3686
	50	6223	4872	73,885	530	69,5329	3798
16	0	6207	4897	74,212	541	69,7688	3911
	10	6191	4923	74,539	552	70,0047	4023
	20	6175	4948	74,866	563	70,2406	4136
	30	6159	4974	75,193	573	70,4766	4249
	40	6144	4999	75,520	584	70,7126	4361
	50	6128	5025	75,847	595	70,9486	4474
17	0	6112	5050	76,174	605	71,1847	4587
	10	6096	5076	76,501	616	71,4208	4699
	20	6080	5102	76,828	627	71,6569	4812
	30	6065	5127	77,156	637	71,8931	4925
	40	6049	5153	77,483	648	72,1293	5038
	50	6033	5178	77,810	659	72,3655	5151
18	0	6017	5204	78,138	669	72,6018	5263
	10	6001	5229	78,465	680	72,8381	5376
	20	5986	5255	78,792	691	73,0745	5489
	30	5970	5281	79,120	702	73,3108	5602
	40	5954	5306	79,447	712	73,5473	5715
	50	5938	5332	79,775	723	73,7837	5828
19	0	5922	5357	80,102	734	74,0202	5941
	10	5907	5383	80,430	744	74,2567	6054
	20	5891	5408	80,757	755	74,4933	6167
	30	5875	5434	81,085	766	74,7299	6280
	40	5859	5460	81,413	777	74,9665	6393
	50	5843	5485	81,740	787	75,2032	6506
20	0	5828	5511	82,068	798	75,4399	6619
		+3238,	-26,	+33	+80,	+46	+76,
'	"	15	26	328	11	2367	113

46°

'	"	16	25	328	11	2367	113
		b_1	b_2	a_1	a_2	l_1	l_2
		+3238,	-26,	+33	^+80,	+46	^+76,
20	0	5828	5511	82,068	^798	75,4399	^6619
	10	5812	5536	82,396	^809	75,6766	^6732
	20	5796	5562	82,724	^820	75,9134	^6845
	30	5780	5588	83,051	^830	76,1502	^6959
	40	5764	5613	83,379	^841	76,3870	^7072
	50	5748	5639	83,707	^852	76,6239	^7185
21	0	5733	5664	84,035	^863	76,8608	^7298
	10	5717	5690	84,363	^873	77,0977	^7411
	20	5701	5716	84,691	^884	77,3347	^7525
	30	5685	5741	85,019	^895	77,5717	^7638
	40	5669	5767	85,347	^905	77,8087	^7751
	50	5654	5793	85,675	^916	78,0458	^7865
22	0	5638	5818	86,003	^927	78,2829	^7978
	10	5622	5844	86,332	^938	78,5201	^8091
	20	5606	5869	86,660	^949	78,7573	^8205
	30	5590	5895	86,988	^959	78,9945	^8318
	40	5575	5921	87,316	^970	79,2318	^8432
	50	5559	5946	87,644	^981	79,4691	^8545
23	0	5543	5972	87,973	^992	79,7064	^8658
	10	5527	5998	88,301	002	79,9438	^8772
	20	5511	6023	88,630	013	80,1812	^8885
	30	5496	6049	88,958	024	80,4186	^8999
	40	5480	6075	89,286	035	80,6561	^9112
	50	5464	6100	89,615	045	80,8936	^9226
24	0	5448	6126	89,943	056	81,1311	^9340
	10	5432	6152	90,272	067	81,3687	^9453
	20	5417	6177	90,601	078	81,6063	^9567
	30	5401	6203	90,929	089	81,8439	^9681
	40	5385	6229	91,258	099	82,0816	^9794
	50	5369	6254	91,587	110	82,3193	^9908
25	0	5353	6280	91,915	121	82,5571	0022
	10	5338	6306	92,244	132	82,7949	0135
	20	5322	6331	92,573	143	83,0327	0249
	30	5306	6357	92,902	153	83,2705	0363
	40	5290	6383	93,230	164	83,5084	0477
	50	5274	6408	93,559	175	83,7464	0591
26	0	5259	6434	93,888	186	83,9843	0704
	10	5243	6460	94,217	197	84,2223	0818
	20	5227	6485	94,546	207	84,4604	0932
	30	5211	6511	94,875	218	84,6984	1046
	40	5195	6537	95,204	229	84,9365	1160
	50	5180	6563	95,533	240	85,1747	1274
27	0	5164	6588	95,863	251	85,4128	1388
	10	5148	6614	96,192	262	85,6511	1502
	20	5132	6640	96,521	272	85,8893	1616
	30	5116	6665	96,850	283	86,1276	1730
	40	5101	6691	97,179	294	86,3659	1844
	50	5085	6717	97,509	305	86,6042	1958
28	0	5069	6743	97,838	316	86,8426	2072
	10	5053	6768	98,167	326	87,0810	2186
	20	5037	6794	98,497	337	87,3195	2300
	30	5022	6820	98,826	348	87,5580	2415
	40	5006	6846	99,156	359	87,7965	2529
	50	4990	6871	99,485	370	88,0351	2643
29	0	4974	6897	99,815	381	88,2737	2757
	10	4958	6923	^00,144	392	88,5123	2871
	20	4943	6948	^00,474	402	88,7510	2986
	30	4927	6974	^00,803	413	88,9897	3100
	40	4911	7000	^01,133	424	89,2284	3214
	50	4895	7026	^01,463	435	89,4672	3329
30	0	4879	7051	^01,793	446	89,7060	3443
		+3238,	-26,	^+34	+81,	+46	+77,
'	"	16	25	330	11	2388	114

46°

'	"	15	26	329	11	2389	114
		b_1	b_2	a_1	a_2	l_1	l_2
		+3238,	-26,	+34	+81,	+46	+77,
30	0	4879	7051	01,793	446	89,7060	3443
	10	4864	7077	02,122	457	89,9449	3557
	20	4848	7103	02,452	468	90,1837	3672
	30	4832	7129	02,782	478	90,4227	3786
	40	4816	7155	03,112	489	90,6616	3901
	50	4801	7180	03,442	500	90,9006	4015
31	0	4785	7206	03,772	511	91,1396	4130
	10	4769	7232	04,102	522	91,3787	4244
	20	4753	7258	04,432	533	91,6178	4359
	30	4737	7283	04,762	544	91,8569	4473
	40	4722	7309	05,092	555	92,0961	4588
	50	4706	7335	05,422	565	92,3353	4702
32	0	4690	7361	05,752	576	92,5745	4817
	10	4674	7387	06,082	587	92,8138	4931
	20	4658	7412	06,412	598	93,0531	5046
	30	4643	7438	06,743	609	93,2924	5161
	40	4627	7464	07,073	620	93,5318	5275
	50	4611	7490	07,403	631	93,7712	5390
33	0	4595	7516	07,733	642	94,0107	5505
	10	4579	7541	08,064	653	94,2502	5620
	20	4564	7567	08,394	663	94,4897	5734
	30	4548	7593	08,725	674	94,7292	5849
	40	4532	7619	09,055	685	94,9688	5964
	50	4516	7645	09,386	696	95,2085	6079
34	0	4500	7670	09,716	707	95,4481	6194
	10	4485	7696	10,047	718	95,6878	6309
	20	4469	7722	10,377	729	95,9276	6424
	30	4453	7748	10,708	740	96,1673	6538
	40	4437	7774	11,039	751	96,4071	6653
	50	4421	7799	11,369	762	96,6470	6768
35	0	4406	7825	11,700	773	96,8868	6883
	10	4390	7851	12,031	784	97,1268	6998
	20	4374	7877	12,362	794	97,3667	7113
	30	4358	7903	12,693	805	97,6067	7228
	40	4342	7929	13,023	816	97,8467	7344
	50	4327	7955	13,354	827	98,0868	7459
36	0	4311	7980	13,685	838	98,3269	7574
	10	4295	8006	14,016	849	98,5670	7689
	20	4279	8032	14,347	860	98,8071	7804
	30	4263	8058	14,678	871	99,0473	7919
	40	4248	8084	15,009	882	99,2876	8034
	50	4232	8110	15,341	893	99,5278	8150
37	0	4216	8136	15,672	904	99,7681	8265
	10	4200	8161	16,003	915	^00,0085	8380
	20	4184	8187	16,334	926	^00,2489	8495
	30	4169	8213	16,665	937	^00,4893	8611
	40	4153	8239	16,997	948	^00,7297	8726
	50	4137	8265	17,328	959	^00,9702	8841
38	0	4121	8291	17,659	970	^01,2107	8957
	10	4106	8317	17,991	981	^01,4513	9072
	20	4090	8343	18,322	^992	^01,6919	9188
	30	4074	8368	18,654	^003	^01,9325	9303
	40	4058	8394	18,985	^013	^02,1732	9418
	50	4042	8420	19,317	^024	^02,4139	9534
39	0	4027	8446	19,648	^035	^02,6546	9649
	10	4011	8472	19,980	^046	^02,8954	9765
	20	3995	8498	20,311	^057	^03,1362	9880
	30	3979	8524	20,643	^068	^03,3770	^9996
	40	3963	8550	20,975	^079	^03,6179	^0112
	50	3948	8576	21,306	^090	^03,8588	^0227
40	0	3932	8602	21,638	^101	^04,0997	^0343
		+3238,	-26,	+34	^+82,	^+47	^+78,
'	"	16	26	332	11	2409	116

46°

'	"	16	25	332	11	2410	116
		b_1	b_2	a_1	a_2	l_1	l_2
		+3238,	-26,	+34	+82,	+47	+78,
40	0	3932	8602	21,638	101	04,0997	0343
	10	3916	8627	21,970	112	04,3407	0459
	20	3900	8653	22,302	123	04,5817	0574
	30	3884	8679	22,634	134	04,8228	0690
	40	3869	8705	22,966	145	05,0639	0806
	50	3853	8731	23,297	156	05,3050	0921
41	0	3837	8757	23,629	167	05,5462	1037
	10	3821	8783	23,961	178	05,7874	1153
	20	3805	8809	24,293	189	06,0286	1269
	30	3790	8835	24,626	200	06,2699	1384
	40	3774	8861	24,958	211	06,5112	1500
	50	3758	8887	25,290	222	06,7525	1616
42	0	3742	8913	25,622	233	06,9939	1732
	10	3726	8939	25,954	244	07,2353	1848
	20	3711	8965	26,286	255	07,4768	1964
	30	3695	8991	26,619	266	07,7183	2080
	40	3679	9017	26,951	277	07,9598	2196
	50	3663	9042	27,283	288	08,2013	2312
43	0	3648	9068	27,616	300	08,4429	2428
	10	3632	9094	27,948	311	08,6846	2544
	20	3616	9120	28,281	322	08,9262	2660
	30	3600	9146	28,613	333	09,1679	2776
	40	3584	9172	28,946	344	09,4097	2892
	50	3569	9198	29,278	355	09,6514	3008
44	0	3553	9224	29,611	366	09,8933	3124
	10	3537	9250	29,943	377	10,1351	3241
	20	3521	9276	30,276	388	10,3770	3357
	30	3505	9302	30,609	399	10,6189	3473
	40	3490	9328	30,941	410	10,8609	3589
	50	3474	9354	31,274	421	11,1028	3705
45	0	3458	9380	31,607	432	11,3449	3822
	10	3442	9406	31,940	443	11,5869	3938
	20	3426	9432	32,273	454	11,8290	4054
	30	3411	9458	32,605	465	12,0712	4171
	40	3395	9484	32,938	476	12,3133	4287
	50	3379	9510	33,271	487	12,5555	4403
46	0	3363	9536	33,604	498	12,7978	4520
	10	3348	9562	33,937	510	13,0401	4636
	20	3332	9588	34,270	521	13,2824	4753
	30	3316	9614	34,603	532	13,5247	4869
	40	3300	9640	34,937	543	13,7671	4986
	50	3284	9666	35,270	554	14,0095	5102
47	0	3269	9692	35,603	565	14,2520	5219
	10	3253	9718	35,936	576	14,4945	5335
	20	3237	9744	36,269	587	14,7370	5452
	30	3221	9770	36,603	598	14,9796	5568
	40	3205	9796	36,936	609	15,2222	5685
	50	3190	9822	37,269	620	15,4648	5802
48	0	3174	9848	37,603	631	15,7075	5918
	10	3158	9875	37,936	643	15,9502	6035
	20	3142	9901	38,270	654	16,1930	6152
	30	3126	9927	38,603	665	16,4357	6268
	40	3111	9953	38,937	676	16,6786	6385
	50	3095	9979	39,270	687	16,9214	6502
49	0	3079	^0005	39,604	698	17,1643	6619
	10	3063	^0031	39,938	709	17,4072	6736
	20	3048	^0057	40,271	720	17,6502	6852
	30	3032	^0083	40,605	731	17,8932	6969
	40	3016	^0109	40,939	743	18,1362	7086
	50	3000	^0135	41,273	754	18,3793	7203
50	0	2984	^0161	41,606	765	18,6224	7320
		+3238,	^-27,	+34	+82,	+47	+78,
'	"	16	26	333	11	2431	117

46°

'	"	15	26	334	11	2432	117
		b_1	b_2	a_1	a_2	l_1	l_2
		+3238,	-27,	+34	^+82,	+47	^+78,
50	0	2984	0161	41,606	^765	18,6224	^7320
	10	2969	0187	41,940	^776	18,8656	^7437
	20	2953	0213	42,274	^787	19,1088	^7554
	30	2937	0239	42,608	^798	19,3520	^7671
	40	2921	0265	42,942	^809	19,5952	^7788
	50	2905	0292	43,276	^820	19,8385	^7905
51	0	2890	0318	43,610	^832	20,0818	^8022
	10	2874	0344	43,944	^843	20,3252	^8139
	20	2858	0370	44,278	^854	20,5686	^8256
	30	2842	0396	44,612	^865	20,8120	^8373
	40	2827	0422	44,946	^876	21,0555	^8490
	50	2811	0448	45,281	^887	21,2990	^8608
52	0	2795	0474	45,615	^898	21,5426	^8725
	10	2779	0500	45,949	^910	21,7862	^8842
	20	2763	0526	46,283	^921	22,0298	^8959
	30	2748	0553	46,618	^932	22,2734	^9077
	40	2732	0579	46,952	^943	22,5171	^9194
	50	2716	0605	47,286	^954	22,7608	^9311
53	0	2700	0631	47,621	^965	23,0046	^9428
	10	2684	0657	47,955	^977	23,2484	^9546
	20	2669	0683	48,290	^988	23,4922	^9663
	30	2653	0709	48,624	^999	23,7361	^9780
	40	2637	0735	48,959	010	23,9800	^9898
	50	2621	0762	49,294	021	24,2240	0015
54	0	2606	0788	49,628	032	24,4679	0133
	10	2590	0814	49,963	044	24,7120	0250
	20	2574	0840	50,298	055	24,9560	0368
	30	2558	0866	50,632	066	25,2001	0485
	40	2542	0892	50,967	077	25,4442	0603
	50	2527	0918	51,302	088	25,6884	0720
55	0	2511	0945	51,637	099	25,9326	0838
	10	2495	0971	51,972	111	26,1768	0956
	20	2479	0997	52,307	122	26,4211	1073
	30	2464	1023	52,642	133	26,6654	1191
	40	2448	1049	52,977	144	26,9098	1308
	50	2432	1075	53,312	155	27,1541	1426
56	0	2416	1102	53,647	167	27,3986	1544
	10	2400	1128	53,982	178	27,6430	1662
	20	2385	1154	54,317	189	27,8875	1779
	30	2369	1180	54,652	200	28,1320	1897
	40	2353	1206	54,987	212	28,3766	2015
	50	2337	1232	55,323	223	28,6212	2133
57	0	2321	1259	55,658	234	28,8658	2251
	10	2306	1285	55,993	245	29,1105	2368
	20	2290	1311	56,328	256	29,3552	2486
	30	2274	1337	56,664	268	29,6000	2604
	40	2258	1363	56,999	279	29,8447	2722
	50	2243	1390	57,335	290	30,0896	2840
58	0	2227	1416	57,670	301	30,3344	2958
	10	2211	1442	58,006	313	30,5793	3076
	20	2195	1468	58,341	324	30,8242	3194
	30	2179	1494	58,677	335	31,0692	3312
	40	2164	1521	59,012	346	31,3142	3430
	50	2148	1547	59,348	357	31,5592	3548
59	0	2132	1573	59,684	369	31,8043	3666
	10	2116	1599	60,019	380	32,0494	3785
	20	2101	1626	60,355	391	32,2946	3903
	30	2085	1652	60,691	402	32,5398	4021
	40	2069	1678	61,027	414	32,7850	4139
	50	2053	1704	61,363	425	33,0303	4257
60	0	2037	1730	61,699	436	33,2755	4376
		+3238,	-27,	+34	+83,	+47	+79,
'	"	16	26	336	11	2452	119

47°

'	"	15	27	336	11	2454	118
		b_1	b_2	a_1	a_2	l_1	l_2
		+3238,	-27,	+34	+83,	+47	+79,
0	0	2037	1730	61,699	436	33,2755	4376
	10	2022	1757	62,035	447	33,5209	4494
	20	2006	1783	62,370	459	33,7662	4612
	30	1990	1809	62,706	470	34,0117	4730
	40	1974	1835	63,043	481	34,2571	4849
	50	1959	1862	63,379	493	34,5026	4967
1	0	1943	1888	63,715	504	34,7481	5086
	10	1927	1914	64,051	515	34,9936	5204
	20	1911	1940	64,387	526	35,2392	5322
	30	1895	1967	64,723	538	35,4849	5441
	40	1880	1993	65,059	549	35,7305	5559
	50	1864	2019	65,396	560	35,9762	5678
2	0	1848	2045	65,732	571	36,2219	5796
	10	1832	2072	66,068	583	36,4677	5915
	20	1816	2098	66,405	594	36,7135	6033
	30	1801	2124	66,741	605	36,9594	6152
	40	1785	2151	67,078	617	37,2053	6271
	50	1769	2177	67,414	628	37,4512	6389
3	0	1753	2203	67,751	639	37,6971	6508
	10	1738	2229	68,087	651	37,9431	6626
	20	1722	2256	68,424	662	38,1892	6745
	30	1706	2282	68,760	673	38,4352	6864
	40	1690	2308	69,097	684	38,6813	6983
	50	1674	2335	69,434	696	38,9275	7101
4	0	1659	2361	69,771	707	39,1736	7220
	10	1643	2387	70,107	718	39,4199	7339
	20	1627	2413	70,444	730	39,6661	7458
	30	1611	2440	70,781	741	39,9124	7577
	40	1596	2466	71,118	752	40,1587	7695
	50	1580	2492	71,455	764	40,4051	7814
5	0	1564	2519	71,792	775	40,6515	7933
	10	1548	2545	72,129	786	40,8979	8052
	20	1532	2571	72,466	798	41,1444	8171
	30	1517	2598	72,803	809	41,3909	8290
	40	1501	2624	73,140	820	41,6374	8409
	50	1485	2650	73,477	832	41,8840	8528
6	0	1469	2677	73,814	843	42,1306	8647
	10	1454	2703	74,151	854	42,3773	8766
	20	1438	2729	74,489	866	42,6240	8885
	30	1422	2756	74,826	877	42,8707	9004
	40	1406	2782	75,163	888	43,1175	9124
	50	1391	2808	75,500	900	43,3643	9243
7	0	1375	2835	75,838	911	43,6111	9362
	10	1359	2861	76,175	922	43,8580	9481
	20	1343	2887	76,513	934	44,1049	9600
	30	1327	2914	76,850	945	44,3519	9720
	40	1312	2940	77,188	957	44,5988	9839
	50	1296	2967	77,525	968	44,8459	9958
8	0	1280	2993	77,863	979	45,0929	^0077
	10	1264	3019	78,200	991	45,3400	^0197
	20	1249	3046	78,538	^002	45,5872	^0316
	30	1233	3072	78,876	^013	45,8343	^0436
	40	1217	3098	79,213	^025	46,0816	^0555
	50	1201	3125	79,551	^036	46,3288	^0674
9	0	1185	3151	79,889	^048	46,5761	^0794
	10	1170	3178	80,227	^059	46,8234	^0913
	20	1154	3204	80,565	^070	47,0708	^1033
	30	1138	3230	80,903	^082	47,3182	^1152
	40	1122	3257	81,240	^093	47,5656	^1272
	50	1107	3283	81,578	^104	47,8131	^1391
10	0	1091	3309	81,916	^116	48,0606	^1511
		+3238,	-27,	+34	^+84,	+47	^+80,
'	"	16	26	338	12	2475	120

47°

'	"	16	27	338	11	2475	120
		b_1	b_2	a_1	a_2	l_1	l_2
		+3238,	-27,	+34	+84,	+47	+80,
10	0	1091	3309	81,916	116	48,0606	1511
	10	1075	3336	82,254	127	48,3081	1631
	20	1059	3362	82,593	139	48,5557	1750
	30	1043	3389	82,931	150	48,8033	1870
	40	1028	3415	83,269	161	49,0510	1990
	50	1012	3442	83,607	173	49,2986	2109
11	0	0996	3468	83,945	184	49,5464	2229
	10	0980	3494	84,283	196	49,7941	2349
	20	0965	3521	84,622	207	50,0419	2468
	30	0949	3547	84,960	218	50,2898	2588
	40	0933	3574	85,298	230	50,5377	2708
	50	0917	3600	85,637	241	50,7856	2828
12	0	0902	3626	85,975	253	51,0335	2948
	10	0886	3653	86,314	264	51,2815	3068
	20	0870	3679	86,652	276	51,5295	3187
	30	0854	3706	86,991	287	51,7776	3307
	40	0838	3732	87,329	298	52,0257	3427
	50	0823	3759	87,668	310	52,2738	3547
13	0	0807	3785	88,006	321	52,5220	3667
	10	0791	3812	88,345	333	52,7702	3787
	20	0775	3838	88,684	344	53,0185	3907
	30	0760	3864	89,023	356	53,2668	4027
	40	0744	3891	89,361	367	53,5151	4147
	50	0728	3917	89,700	379	53,7634	4268
14	0	0712	3944	90,039	390	54,0118	4388
	10	0696	3970	90,378	401	54,2603	4508
	20	0681	3997	90,717	413	54,5087	4628
	30	0665	4023	91,056	424	54,7572	4748
	40	0649	4050	91,395	436	55,0058	4868
	50	0633	4076	91,734	447	55,2544	4989
15	0	0618	4103	92,073	459	55,5030	5109
	10	0602	4129	92,412	470	55,7517	5229
	20	0586	4156	92,751	482	56,0004	5349
	30	0570	4182	93,090	493	56,2491	5470
	40	0555	4209	93,430	505	56,4979	5590
	50	0539	4235	93,769	516	56,7467	5711
16	0	0523	4262	94,108	528	56,9955	5831
	10	0507	4288	94,447	539	57,2444	5951
	20	0491	4315	94,787	551	57,4933	6072
	30	0476	4341	95,126	562	57,7423	6192
	40	0460	4368	95,465	574	57,9913	6313
	50	0444	4394	95,805	585	58,2403	6433
17	0	0428	4421	96,144	596	58,4894	6554
	10	0413	4447	96,484	608	58,7385	6674
	20	0397	4474	96,824	619	58,9876	6795
	30	0381	4500	97,163	631	59,2368	6916
	40	0365	4527	97,503	642	59,4860	7036
	50	0350	4553	97,842	654	59,7353	7157
18	0	0334	4580	98,182	665	59,9845	7277
	10	0318	4606	98,522	677	60,2339	7398
	20	0302	4633	98,862	689	60,4832	7519
	30	0286	4659	99,201	700	60,7326	7640
	40	0271	4686	99,541	712	60,9821	7760
	50	0255	4713	99,881	723	61,2316	7881
19	0	0239	4739	^00,221	735	61,4811	8002
	10	0223	4766	^00,561	746	61,7306	8123
	20	0208	4792	^00,901	758	61,9802	8244
	30	0192	4819	^01,241	769	62,2299	8365
	40	0176	4845	^01,581	781	62,4795	8485
	50	0160	4872	^01,921	792	62,7292	8606
20	0	0145	4898	^02,261	804	62,9790	8727
		+3238,	-27,	^+35	+84,	+47	+80,
'	"	15	26	340	12	2498	121

47°

'	"	16	27	341	11	2498	121
		b_1	b_2	a_1	a_2	l_1	l_2
		^+3238,	-27,	+35	^+84,	+47	^+80,
20	0	^0145	4898	02,261	^804	62,9790	^8727
	10	^0129	4925	02,602	^815	63,2288	^8848
	20	^0113	4952	02,942	^827	63,4786	^8969
	30	^0097	4978	03,282	^838	63,7284	^9090
	40	^0082	5005	03,622	^850	63,9783	^9211
	50	^0066	5031	03,963	^861	64,2282	^9332
21	0	^0050	5058	04,303	^873	64,4782	^9453
	10	^0034	5084	04,643	^885	64,7282	^9574
	20	^0018	5111	04,984	^896	64,9783	^9696
	30	^0003	5138	05,324	^908	65,2283	^9817
	40	9987	5164	05,665	^919	65,4785	^9938
	50	9971	5191	06,005	^931	65,7286	0059
22	0	9955	5217	06,346	^942	65,9788	0180
	10	9940	5244	06,686	^954	66,2290	0302
	20	9924	5271	07,027	^965	66,4793	0423
	30	9908	5297	07,368	^977	66,7296	0544
	40	9892	5324	07,708	^989	66,9799	0665
	50	9877	5350	08,049	000	67,2303	0787
23	0	9861	5377	08,390	012	67,4807	0908
	10	9845	5404	08,731	023	67,7312	1030
	20	9829	5430	09,072	035	67,9817	1151
	30	9814	5457	09,412	046	68,2322	1272
	40	9798	5484	09,753	058	68,4828	1394
	50	9782	5510	10,094	070	68,7334	1515
24	0	9766	5537	10,435	081	68,9840	1637
	10	9750	5563	10,776	093	69,2347	1758
	20	9735	5590	11,117	104	69,4854	1880
	30	9719	5617	11,458	116	69,7362	2001
	40	9703	5643	11,800	128	69,9870	2123
	50	9687	5670	12,141	139	70,2378	2245
25	0	9672	5697	12,482	151	70,4887	2366
	10	9656	5723	12,823	162	70,7396	2488
	20	9640	5750	13,164	174	70,9905	2610
	30	9624	5777	13,506	186	71,2415	2731
	40	9609	5803	13,847	197	71,4925	2853
	50	9593	5830	14,189	209	71,7436	2975
26	0	9577	5857	14,530	221	71,9947	3096
	10	9561	5883	14,871	232	72,2458	3218
	20	9546	5910	15,213	244	72,4970	3340
	30	9530	5936	15,554	255	72,7482	3462
	40	9514	5963	15,896	267	72,9994	3584
	50	9498	5990	16,238	279	73,2507	3706
27	0	9483	6017	16,579	290	73,5020	3828
	10	9467	6043	16,921	302	73,7534	3949
	20	9451	6070	17,263	314	74,0048	4071
	30	9435	6097	17,604	325	74,2562	4193
	40	9419	6123	17,946	337	74,5077	4315
	50	9404	6150	18,288	348	74,7592	4437
28	0	9388	6177	18,630	360	75,0108	4559
	10	9372	6203	18,972	372	75,2624	4682
	20	9356	6230	19,314	383	75,5140	4804
	30	9341	6257	19,656	395	75,7656	4926
	40	9325	6284	19,998	407	76,0173	5048
	50	9309	6310	20,340	418	76,2691	5170
29	0	9293	6337	20,682	430	76,5209	5292
	10	9278	6364	21,024	442	76,7727	5414
	20	9262	6390	21,366	453	77,0245	5537
	30	9246	6417	21,708	465	77,2764	5659
	40	9230	6444	22,050	477	77,5283	5781
	50	9215	6471	22,393	488	77,7803	5904
30	0	9199	6497	22,735	500	78,0323	6026
		+3237,	-27,	+35	+85,	+47	+81,
'	"	16	26	342	12	2520	122

47°

'	"	16	27	342	12	2520	122
		b_1	b_2	a_1	a_2	l_1	l_2
		+3237,	-27,	+35	+85,	+47	+81,
30	0	9199	6497	22,735	500	78,0323	6026
	10	9183	6524	23,077	512	78,2843	6148
	20	9167	6551	23,420	523	78,5364	6271
	30	9152	6578	23,762	535	78,7885	6393
	40	9136	6604	24,104	547	79,0407	6515
	50	9120	6631	24,447	558	79,2929	6638
31	0	9104	6658	24,789	570	79,5451	6760
	10	9089	6685	25,132	582	79,7974	6883
	20	9073	6711	25,475	594	80,0497	7005
	30	9057	6738	25,817	605	80,3020	7128
	40	9041	6765	26,160	617	80,5544	7250
	50	9026	6792	26,503	629	80,8068	7373
32	0	9010	6818	26,845	640	81,0593	7496
	10	8994	6845	27,188	652	81,3118	7618
	20	8978	6872	27,531	664	81,5643	7741
	30	8962	6899	27,874	675	81,8169	7864
	40	8947	6925	28,216	687	82,0695	7986
	50	8931	6952	28,559	699	82,3222	8109
33	0	8915	6979	28,902	711	82,5748	8232
	10	8899	7006	29,245	722	82,8276	8354
	20	8884	7033	29,588	734	83,0803	8477
	30	8868	7059	29,931	746	83,3331	8600
	40	8852	7086	30,274	757	83,5860	8723
	50	8836	7113	30,618	769	83,8388	8846
34	0	8821	7140	30,961	781	84,0918	8969
	10	8805	7167	31,304	793	84,3447	9092
	20	8789	7193	31,647	804	84,5977	9214
	30	8773	7220	31,990	816	84,8507	9337
	40	8758	7247	32,334	828	85,1038	9460
	50	8742	7274	32,677	840	85,3569	9583
35	0	8726	7301	33,020	851	85,6100	9706
	10	8710	7327	33,364	863	85,8632	9829
	20	8695	7354	33,707	875	86,1164	9953
	30	8679	7381	34,051	887	86,3697	^0076
	40	8663	7408	34,394	898	86,6230	^0199
	50	8647	7435	34,738	910	86,8763	^0322
36	0	8632	7462	35,081	922	87,1297	^0445
	10	8616	7488	35,425	934	87,3831	^0568
	20	8600	7515	35,769	945	87,6366	^0691
	30	8584	7542	36,112	957	87,8900	^0815
	40	8569	7569	36,456	969	88,1436	^0938
	50	8553	7596	36,800	981	88,3971	^1061
37	0	8537	7623	37,144	993	88,6507	^1185
	10	8521	7649	37,488	^004	88,9044	^1308
	20	8506	7676	37,832	^016	89,1580	^1431
	30	8490	7703	38,175	^028	89,4118	^1555
	40	8474	7730	38,519	^040	89,6655	^1678
	50	8458	7757	38,863	^051	89,9193	^1801
38	0	8443	7784	39,207	^063	90,1731	^1925
	10	8427	7811	39,552	^075	90,4270	^2048
	20	8411	7838	39,896	^087	90,6809	^2172
	30	8395	7864	40,240	^099	90,9349	^2295
	40	8380	7891	40,584	^110	91,1888	^2419
	50	8364	7918	40,928	^122	91,4429	^2542
39	0	8348	7945	41,272	^134	91,6969	^2666
	10	8332	7972	41,617	^146	91,9510	^2790
	20	8317	7999	41,961	^158	92,2052	^2913
	30	8301	8026	42,305	^169	92,4593	^3037
	40	8285	8053	42,650	^181	92,7135	^3161
	50	8269	8079	42,994	^193	92,9678	^3284
40	0	8254	8106	43,339	^205	93,2221	^3408
		+3237,	-27,	+35	^+86,	+47	^+82,
'	"	15	27	345	12	2543	124

47°

'	"	16	27	344	12	2543	124
		b_1	b_2	a_1	a_2	l_1	l_2
		+3237,	-27,	+35	+86,	^+47	+82,
40	0	8254	8106	43,339	205	^93,2221	3408
	10	8238	8133	43,683	217	^93,4764	3532
	20	8222	8160	44,028	229	^93,7308	3656
	30	8206	8187	44,372	240	^93,9852	3779
	40	8191	8214	44,717	252	^94,2396	3903
	50	8175	8241	45,062	264	^94,4941	4027
41	0	8159	8268	45,406	276	^94,7486	4151
	10	8143	8295	45,751	288	^95,0032	4275
	20	8128	8322	46,096	300	^95,2578	4399
	30	8112	8349	46,441	311	^95,5124	4523
	40	8096	8376	46,785	323	^95,7671	4647
	50	8080	8402	47,130	335	^96,0218	4771
42	0	8065	8429	47,475	347	^96,2766	4895
	10	8049	8456	47,820	359	^96,5313	5019
	20	8033	8483	48,165	371	^96,7862	5143
	30	8017	8510	48,510	382	^97,0410	5267
	40	8002	8537	48,855	394	^97,2959	5391
	50	7986	8564	49,200	406	^97,5509	5515
43	0	7970	8591	49,546	418	^97,8059	5639
	10	7954	8618	49,891	430	^98,0609	5763
	20	7939	8645	50,236	442	^98,3159	5888
	30	7923	8672	50,581	454	^98,5710	6012
	40	7907	8699	50,926	466	^98,8262	6136
	50	7891	8726	51,272	477	^99,0814	6260
44	0	7876	8753	51,617	489	^99,3366	6385
	10	7860	8780	51,962	501	^99,5918	6509
	20	7844	8807	52,308	513	^99,8471	6633
	30	7828	8834	52,653	525	00,1024	6758
	40	7813	8861	52,999	537	00,3578	6882
	50	7797	8888	53,344	549	00,6132	7006
45	0	7781	8915	53,690	561	00,8686	7131
	10	7765	8942	54,036	572	01,1241	7255
	20	7750	8969	54,381	584	01,3796	7380
	30	7734	8996	54,727	596	01,6352	7504
	40	7718	9023	55,073	608	01,8908	7629
	50	7702	9050	55,418	620	02,1464	7753
46	0	7687	9077	55,764	632	02,4021	7878
	10	7671	9104	56,110	644	02,6578	8003
	20	7655	9131	56,456	656	02,9136	8127
	30	7639	9158	56,802	668	03,1694	8252
	40	7624	9185	57,148	680	03,4252	8377
	50	7608	9212	57,494	692	03,6811	8501
47	0	7592	9239	57,840	703	03,9370	8626
	10	7577	9266	58,186	715	04,1929	8751
	20	7561	9293	58,532	727	04,4489	8876
	30	7545	9320	58,878	739	04,7049	9000
	40	7529	9347	59,224	751	04,9610	9125
	50	7514	9374	59,570	763	05,2171	9250
48	0	7498	9401	59,917	775	05,4732	9375
	10	7482	9428	60,263	787	05,7294	9500
	20	7466	9455	60,609	799	05,9856	9625
	30	7451	9482	60,956	811	06,2419	9750
	40	7435	9509	61,302	823	06,4982	9875
	50	7419	9536	61,648	835	06,7545	^0000
49	0	7403	9563	61,995	847	07,0109	^0125
	10	7388	9590	62,341	859	07,2673	^0250
	20	7372	9617	62,688	871	07,5237	^0375
	30	7356	9644	63,034	883	07,7802	^0500
	40	7340	9672	63,381	894	08,0367	^0625
	50	7325	9699	63,728	906	08,2933	^0750
50	0	7309	9726	64,074	918	08,5499	^0875
		+3237,	-27,	+35	+86,	+48	^+83,
'	"	16	27	346	12	2566	125

47°

'	"	16	27	347	12	2566	125
		b_1	b_2	a_1	a_2	l_1	l_2
		+3237,	^-27,	+35	^+86,	+48	+83,
50	0	7309	^9726	64,074	^918	08,5499	0875
	10	7293	^9753	64,421	^930	08,8065	1000
	20	7277	^9780	64,768	^942	09,0632	1126
	30	7262	^9807	65,115	^954	09,3199	1251
	40	7246	^9834	65,462	^966	09,5767	1376
	50	7230	^9861	65,808	^978	09,8335	1501
51	0	7214	^9888	66,155	^990	10,0903	1627
	10	7199	^9915	66,502	002	10,3472	1752
	20	7183	^9942	66,849	014	10,6041	1877
	30	7167	^9969	67,196	026	10,8611	2003
	40	7151	^9997	67,543	038	11,1181	2128
	50	7136	0024	67,890	050	11,3751	2253
52	0	7120	0051	68,238	062	11,6322	2379
	10	7104	0078	68,585	074	11,8893	2504
	20	7089	0105	68,932	086	12,1464	2630
	30	7073	0132	69,279	098	12,4036	2755
	40	7057	0159	69,626	110	12,6608	2881
	50	7041	0186	69,974	122	12,9181	3006
53	0	7026	0214	70,321	134	13,1754	3132
	10	7010	0241	70,668	146	13,4327	3258
	20	6994	0268	71,016	158	13,6901	3383
	30	6978	0295	71,363	170	13,9475	3509
	40	6963	0322	71,711	182	14,2050	3635
	50	6947	0349	72,058	194	14,4625	3760
54	0	6931	0376	72,406	206	14,7200	3886
	10	6915	0403	72,754	218	14,9776	4012
	20	6900	0431	73,101	230	15,2352	4138
	30	6884	0458	73,449	242	15,4929	4263
	40	6868	0485	73,797	254	15,7506	4389
	50	6852	0512	74,144	266	16,0083	4515
55	0	6837	0539	74,492	278	16,2661	4641
	10	6821	0566	74,840	291	16,5239	4767
	20	6805	0594	75,188	303	16,7817	4893
	30	6790	0621	75,536	315	17,0396	5019
	40	6774	0648	75,884	327	17,2975	5145
	50	6758	0675	76,232	339	17,5555	5271
56	0	6742	0702	76,580	351	17,8135	5397
	10	6727	0729	76,928	363	18,0716	5523
	20	6711	0757	77,276	375	18,3296	5649
	30	6695	0784	77,621	387	18,5878	5775
	40	6679	0811	77,972	399	18,8459	5901
	50	6664	0838	78,320	411	19,1041	6027
57	0	6648	0865	78,669	423	19,3624	6153
	10	6632	0893	79,017	435	19,6206	6280
	20	6616	0920	79,365	447	19,8790	6406
	30	6601	0947	79,714	459	20,1373	6532
	40	6585	0974	80,062	471	20,3957	6658
	50	6569	1001	80,410	483	20,6541	6785
58	0	6554	1029	80,759	496	20,9126	6911
	10	6538	1056	81,107	508	21,1711	7037
	20	6522	1083	81,456	520	21,4297	7164
	30	6506	1110	81,805	532	21,6883	7290
	40	6491	1138	82,153	544	21,9469	7416
	50	6475	1165	82,502	556	22,2056	7543
59	0	6459	1192	82,851	568	22,4643	7669
	10	6443	1219	83,199	580	22,7230	7796
	20	6428	1246	83,548	592	22,9818	7922
	30	6412	1274	83,897	604	23,2406	8049
	40	6396	1301	84,246	617	23,4995	8175
	50	6380	1328	84,595	629	23,7584	8302
60	0	6365	1355	84,944	641	24,0173	8429
		+3237,	-28,	+35	+87,	+48	+83,
'	"	15	27	349	12	2589	127

48°

'	"	16	28	348	12	2590	126
		b_1	b_2	a_1	a_2	l_1	l_2
		+3237,	-28,	+35	^+87,	+48	^+83,
0	0	6365	1355	84,944	^641	24,0173	^8429
	10	6349	1383	85,292	^653	24,2763	^8555
	20	6333	1410	85,641	^665	24,5353	^8682
	30	6318	1437	85,991	^677	24,7944	^8808
	40	6302	1464	86,340	^689	25,0535	^8935
	50	6286	1492	86,689	^701	25,3127	^9062
1	0	6270	1519	87,038	^713	25,5718	^9189
	10	6255	1546	87,387	^726	25,8310	^9315
	20	6239	1573	87,736	^738	26,0903	^9442
	30	6223	1601	88,086	^750	26,3496	^9569
	40	6207	1628	88,435	^762	26,6089	^9696
	50	6192	1655	88,784	^774	26,8683	^9823
2	0	6176	1683	89,134	^786	27,1277	^9950
	10	6160	1710	89,483	^798	27,3872	0077
	20	6145	1737	89,832	^811	27,6467	0204
	30	6129	1764	90,182	^823	27,9062	0331
	40	6113	1792	90,531	^835	28,1658	0458
	50	6097	1819	90,881	^847	28,4254	0585
3	0	6082	1846	91,231	^859	28,6850	0712
	10	6066	1874	91,580	^871	28,9447	0839
	20	6050	1901	91,930	^883	29,2045	0966
	30	6034	1928	92,280	^896	29,4642	1093
	40	6019	1956	92,629	^908	29,7240	1220
	50	6003	1983	92,979	^920	29,9839	1347
4	0	5987	2010	93,329	^932	30,2438	1474
	10	5971	2038	93,679	^944	30,5037	1602
	20	5956	2065	94,029	^957	30,7637	1729
	30	5940	2092	94,379	^969	31,0237	1856
	40	5924	2120	94,729	^981	31,2837	1983
	50	5909	2147	95,079	^993	31,5438	2111
5	0	5893	2174	95,429	005	31,8039	2238
	10	5877	2202	95,779	017	32,0641	2365
	20	5861	2229	96,129	030	32,3243	2493
	30	5846	2256	96,479	042	32,5845	2620
	40	5830	2284	96,829	054	32,8448	2748
	50	5814	2311	97,179	066	33,1051	2875
6	0	5799	2338	97,530	078	33,3655	3003
	10	5783	2366	97,880	091	33,6259	3130
	20	5767	2393	98,230	103	33,8863	3258
	30	5751	2420	98,581	115	34,1468	3385
	40	5736	2448	98,931	127	34,4073	3513
	50	5720	2475	99,282	139	34,6679	3640
7	0	5704	2502	99,632	152	34,9285	3768
	10	5688	2530	99,983	164	35,1891	3896
	20	5673	2557	^00,333	176	35,4498	4023
	30	5657	2585	^00,684	188	35,7105	4151
	40	5641	2612	^01,035	201	35,9713	4279
	50	5626	2639	^01,385	213	36,2321	4407
8	0	5610	2667	^01,736	225	36,4929	4534
	10	5594	2694	^02,087	237	36,7538	4662
	20	5578	2722	^02,438	250	37,0147	4790
	30	5563	2749	^02,788	262	37,2757	4918
	40	5547	2776	^03,139	274	37,5366	5046
	50	5531	2804	^03,490	286	37,7977	5174
9	0	5515	2831	^03,841	298	38,0588	5302
	10	5500	2859	^04,192	311	38,3199	5429
	20	5484	2886	^04,543	323	38,5810	5557
	30	5468	2913	^04,894	335	38,8422	5685
	40	5453	2941	^05,245	347	39,1034	5813
	50	5437	2968	^05,597	360	39,3647	5942
10	0	5421	2996	^05,948	372	39,6260	6070
		+3237,	-28,	^+36	+88,	+48	+84,
'	"	16	28	351	12	2613	128

48°

'	"	16	27	351	12	2614	128
		b_1	b_2	a_1	a_2	l_1	l_2
		+3237,	-28,	+36	+88,	+48	+84,
10	0	5421	2996	05,948	372	39,6260	6070
	10	5405	3023	06,299	384	39,8874	6198
	20	5390	3050	06,650	397	40,1488	6326
	30	5374	3078	07,002	409	40,4102	6454
	40	5358	3105	07,353	421	40,6717	6582
	50	5343	3133	07,704	433	40,9332	6710
11	0	5327	3160	08,056	446	41,1947	6839
	10	5311	3188	08,407	458	41,4563	6967
	20	5295	3215	08,759	470	41,7179	7095
	30	5280	3243	09,110	482	41,9796	7223
	40	5264	3270	09,462	495	42,2413	7352
	50	5248	3297	09,813	507	42,5031	7480
12	0	5232	3325	10,165	519	42,7649	7608
	10	5217	3352	10,517	532	43,0267	7737
	20	5201	3380	10,868	544	43,2886	7865
	30	5185	3407	11,220	556	43,5505	7994
	40	5170	3435	11,572	569	43,8124	8122
	50	5154	3462	11,924	581	44,0744	8251
13	0	5138	3490	12,276	593	44,3364	8379
	10	5122	3517	12,628	605	44,5985	8508
	20	5107	3545	12,979	618	44,8606	8636
	30	5091	3572	13,331	630	45,1227	8765
	40	5075	3600	13,684	642	45,3849	8894
	50	5060	3627	14,036	655	45,6472	9022
14	0	5044	3655	14,388	667	45,9094	9151
	10	5028	3682	14,740	679	46,1717	9280
	20	5012	3710	15,092	692	46,4341	9408
	30	4997	3737	15,444	704	46,6965	9537
	40	4981	3765	15,796	716	46,9589	9666
	50	4965	3792	16,149	729	47,2213	9795
15	0	4950	3820	16,501	741	47,4838	9923
	10	4934	3847	16,853	753	47,7464	^0052
	20	4918	3875	17,206	766	48,0090	^0181
	30	4902	3902	17,558	778	48,2716	^0310
	40	4887	3930	17,911	790	48,5343	^0439
	50	4871	3958	18,263	803	48,7970	^0568
16	0	4855	3985	18,616	815	49,0597	^0697
	10	4840	4012	18,968	827	49,3225	^0826
	20	4824	4040	19,321	840	49,5853	^0955
	30	4808	4067	19,674	852	49,8482	^1084
	40	4792	4095	20,026	865	50,1111	^1213
	50	4777	4123	20,379	877	50,3740	^1342
17	0	4761	4150	20,732	889	50,6370	^1471
	10	4745	4178	21,085	902	50,9000	^1600
	20	4730	4205	21,438	914	51,1631	^1730
	30	4714	4233	21,791	926	51,4262	^1859
	40	4698	4260	22,144	939	51,6894	^1988
	50	4682	4288	22,497	951	51,9525	^2117
18	0	4667	4315	22,850	964	52,2158	^2247
	10	4651	4343	23,203	976	52,4790	^2376
	20	4635	4371	23,556	988	52,7423	^2505
	30	4620	4398	23,909	^001	53,0057	^2635
	40	4604	4426	24,262	^013	53,2691	^2764
	50	4588	4453	24,615	^026	53,5325	^2893
19	0	4572	4481	24,968	^038	53,7960	^3023
	10	4557	4509	25,322	^050	54,0595	^3152
	20	4541	4536	25,675	^063	54,3230	^3282
	30	4525	4564	26,028	^075	54,5866	^3411
	40	4510	4591	26,382	^088	54,8502	^3541
	50	4494	4619	26,735	^100	55,1139	^3670
20	0	4478	4646	27,089	^112	55,3776	^3800
		+3237,	-28,	+36	^+89,	+48	^+85,
'	"	16	27	354	12	2637	130

48°

'	"	16	28	353	13	2637	129
		b_1	b_2	a_1	a_2	l_1	l_2
		+3237,	-28,	+36	+89,	+48	+85,
20	0	4478	4646	27,089	112	55,3776	3800
	10	4462	4674	27,442	125	55,6413	3929
	20	4447	4702	27,796	137	55,9051	4059
	30	4431	4729	28,149	150	56,1690	4189
	40	4415	4757	28,503	162	56,4328	4318
	50	4400	4785	28,857	174	56,6967	4448
21	0	4384	4812	29,210	187	56,9607	4578
	10	4368	4840	29,564	199	57,2247	4708
	20	4353	4867	29,918	212	57,4887	4837
	30	4337	4895	30,272	224	57,7528	4967
	40	4321	4923	30,626	237	58,0169	5097
	50	4305	4950	30,980	249	58,2810	5227
22	0	4290	4978	31,334	262	58,5452	5357
	10	4274	5006	31,688	274	58,8094	5487
	20	4258	5033	32,042	286	59,0737	5617
	30	4243	5061	32,396	299	59,3380	5746
	40	4227	5089	32,750	311	59,6024	5876
	50	4211	5116	33,104	324	59,8668	6006
23	0	4195	5144	33,458	336	60,1312	6136
	10	4180	5172	33,812	349	60,3957	6267
	20	4164	5199	34,167	361	60,6602	6397
	30	4148	5227	34,521	374	60,9247	6527
	40	4133	5255	34,875	386	61,1893	6657
	50	4117	5282	35,229	399	61,4539	6787
24	0	4101	5310	35,584	411	61,7186	6917
	10	4085	5338	35,938	424	61,9833	7047
	20	4070	5365	36,293	436	62,2481	7178
	30	4054	5393	36,647	449	62,5129	7308
	40	4038	5421	37,002	461	62,7777	7438
	50	4023	5448	37,357	474	63,0426	7568
25	0	4007	5476	37,711	486	63,3075	7699
	10	3991	5504	38,066	499	63,5724	7829
	20	3976	5531	38,421	511	63,8374	7960
	30	3960	5559	38,775	524	64,1025	8090
	40	3944	5587	39,130	536	64,3676	8220
	50	3928	5614	39,485	549	64,6327	8351
26	0	3913	5642	39,840	561	64,8978	8481
	10	3897	5670	40,195	574	65,1630	8612
	20	3881	5698	40,550	586	65,4283	8742
	30	3866	5725	40,905	599	65,6935	8873
	40	3850	5753	41,260	611	65,9589	9004
	50	3834	5781	41,615	624	66,2242	9134
27	0	3818	5809	41,970	636	66,4896	9265
	10	3803	5836	42,325	649	66,7551	9395
	20	3787	5864	42,680	661	67,0205	9526
	30	3771	5892	43,035	674	67,2861	9657
	40	3756	5919	43,391	686	67,5516	9788
	50	3740	5947	43,746	699	67,8172	9918
28	0	3724	5975	44,101	711	68,0829	^0049
	10	3709	6003	44,457	724	68,3485	^0180
	20	3693	6030	44,812	736	68,6143	^0311
	30	3677	6058	45,168	749	68,8800	^0442
	40	3661	6086	45,523	761	69,1458	^0573
	50	3646	6114	45,879	774	69,4117	^0703
29	0	3630	6141	46,234	787	69,6776	^0834
	10	3614	6169	46,590	799	69,9435	^0965
	20	3599	6197	46,945	812	70,2095	^1096
	30	3583	6225	47,301	824	70,4755	^1227
	40	3567	6253	47,657	837	70,7415	^1358
	50	3552	6280	48,013	849	71,0076	^1490
30	0	3536	6308	48,368	862	71,2737	^1621
		+3237,	-28,	+36	+89,	+48	^+86,
'	"	16	28	355	13	2661	131

48°

'	"	16	28	356	13	2662	131
		b_1	b_2	a_1	a_2	l_1	l_2
		+3237,	-28,	+36	^+89,	+48	+86,
30	0	3536	6308	48,368	^862	71,2737	1621
	10	3520	6336	48,724	^875	71,5399	1752
	20	3504	6364	49,080	^887	71,8061	1883
	30	3489	6391	49,436	^900	72,0724	2014
	40	3473	6419	49,792	^912	72,3387	2145
	50	3457	6447	50,148	^925	72,6050	2276
31	0	3442	6475	50,504	^937	72,8714	2408
	10	3426	6503	50,860	^950	73,1378	2539
	20	3410	6531	51,216	^963	73,4042	2670
	30	3395	6558	51,572	^975	73,6707	2802
	40	3379	6586	51,929	^988	73,9373	2933
	50	3363	6614	52,285	000	74,2038	3064
32	0	3347	6642	52,641	013	74,4705	3196
	10	3332	6670	52,997	026	74,7371	3327
	20	3316	6697	53,354	038	75,0038	3459
	30	3300	6725	53,710	051	75,2706	3590
	40	3285	6753	54,066	063	75,5373	3722
	50	3269	6781	54,423	076	75,8042	3853
33	0	3253	6809	54,779	089	76,0710	3985
	10	3238	6837	55,136	101	76,3379	4116
	20	3222	6864	55,493	114	76,6049	4248
	30	3206	6892	55,849	127	76,8718	4380
	40	3191	6920	56,206	139	77,1389	4511
	50	3175	6948	56,563	152	77,4059	4643
34	0	3159	6976	56,919	164	77,6730	4775
	10	3143	7004	57,276	177	77,9402	4906
	20	3128	7032	57,633	190	78,2074	5038
	30	3112	7059	57,990	202	78,4746	5170
	40	3096	7087	58,347	215	78,7419	5302
	50	3081	7115	58,704	228	79,0092	5434
35	0	3065	7143	59,061	240	79,2765	5565
	10	3049	7171	59,418	253	79,5439	5697
	20	3034	7199	59,775	266	79,8114	5829
	30	3018	7227	60,132	278	80,0788	5961
	40	3002	7255	60,489	291	80,3464	6093
	50	2986	7282	60,846	304	80,6139	6225
36	0	2971	7310	61,203	316	80,8815	6357
	10	2955	7338	61,561	329	81,1491	6489
	20	2939	7366	61,918	342	81,4168	6621
	30	2924	7394	62,275	354	81,6845	6753
	40	2908	7422	62,632	367	81,9523	6886
	50	2892	7450	62,990	380	82,2201	7018
37	0	2877	7478	63,347	392	82,4880	7150
	10	2861	7506	63,705	405	82,7558	7282
	20	2845	7534	64,062	418	83,0238	7414
	30	2830	7562	64,420	430	83,2917	7547
	40	2814	7589	64,778	443	83,5597	7679
	50	2798	7617	65,135	456	83,8278	7811
38	0	2783	7645	65,493	468	84,0959	7943
	10	2767	7673	65,851	481	84,3640	8076
	20	2751	7701	66,208	494	84,6322	8208
	30	2735	7729	66,566	507	84,9004	8341
	40	2720	7757	66,924	519	85,1686	8473
	50	2704	7785	67,282	532	85,4369	8605
39	0	2688	7813	67,640	545	85,7053	8738
	10	2673	7841	67,998	557	85,9736	8870
	20	2657	7869	68,356	570	86,2421	9003
	30	2641	7897	68,714	583	86,5105	9136
	40	2626	7925	69,072	595	86,7790	9268
	50	2610	7953	69,430	608	87,0476	9401
40	0	2594	7981	69,788	621	87,3161	9533
		+3237,	-28,	+36	+90,	+48	+86,
'	"	16	28	358	13	2685	132

48°

'	"	15	28	358	13	2687	133
		b_1	b_2	a_1	a_2	l_1	l_2
		+3237,	-28,	+36	^+90,	+48	^+86,
40	0	2594	7981	69,788	^621	87,3161	^9533
	10	2579	8009	70,146	^634	87,5848	^9666
	20	2563	8037	70,505	^646	87,8534	^9799
	30	2547	8065	70,863	^659	88,1221	^9932
	40	2531	8093	71,221	^672	88,3909	0064
	50	2516	8121	71,579	^685	88,6597	0197
41	0	2500	8149	71,938	^697	88,9285	0330
	10	2484	8177	72,296	^710	89,1974	0463
	20	2469	8205	72,655	^723	89,4663	0596
	30	2453	8233	73,013	^736	89,7352	0728
	40	2437	8261	73,372	^748	90,0042	0861
	50	2422	8289	73,730	^761	90,2732	0994
42	0	2406	8317	74,089	^774	90,5423	1127
	10	2390	8345	74,448	^787	90,8114	1260
	20	2375	8373	74,806	^799	91,0806	1393
	30	2359	8401	75,165	^812	91,3498	1526
	40	2343	8429	75,524	^825	91,6190	1659
	50	2328	8457	75,883	^838	91,8883	1792
43	0	2312	8485	76,242	^850	92,1576	1925
	10	2296	8513	76,601	^863	92,4270	2059
	20	2281	8541	76,959	^876	92,6964	2192
	30	2265	8569	77,318	^889	92,9658	2325
	40	2249	8597	77,677	^902	93,2353	2458
	50	2233	8625	78,037	^914	93,5049	2591
44	0	2218	8653	78,396	^927	93,7744	2725
	10	2202	8681	78,755	^940	94,0440	2858
	20	2186	8709	79,114	^953	94,3137	2991
	30	2171	8737	79,473	^966	94,5834	3125
	40	2155	8765	79,832	^978	94,8531	3258
	50	2139	8793	80,192	^991	95,1229	3391
45	0	2124	8821	80,551	004	95,3927	3525
	10	2108	8849	80,910	017	95,6626	3658
	20	2092	8877	81,270	030	95,9325	3792
	30	2077	8905	81,629	042	96,2024	3925
	40	2061	8933	81,989	055	96,4724	4059
	50	2045	8961	82,348	068	96,7424	4192
46	0	2030	8990	82,708	081	97,0125	4326
	10	2014	9018	83,068	094	97,2826	4460
	20	1998	9046	83,427	107	97,5528	4593
	30	1983	9074	83,787	119	97,8229	4727
	40	1967	9102	84,147	132	98,0932	4861
	50	1951	9130	84,506	145	98,3634	4994
47	0	1936	9158	84,866	158	98,6338	5128
	10	1920	9186	85,226	171	98,9041	5262
	20	1904	9214	85,586	184	99,1745	5396
	30	1888	9242	85,946	196	99,4450	5529
	40	1873	9270	86,306	209	99,7154	5663
	50	1857	9299	86,666	222	99,9860	5797
48	0	1841	9327	87,026	235	^00,2565	5931
	10	1826	9355	87,386	248	^00,5271	6065
	20	1810	9383	87,746	261	^00,7978	6199
	30	1794	9411	88,106	274	^01,0685	6333
	40	1779	9439	88,467	286	^01,3392	6467
	50	1763	9467	88,827	299	^01,6100	6601
49	0	1747	9495	89,187	312	^01,8808	6735
	10	1732	9524	89,548	325	^02,1516	6869
	20	1716	9552	89,908	338	^02,4225	7003
	30	1700	9580	90,268	351	^02,6935	7137
	40	1685	9608	90,629	364	^02,9644	7271
	50	1669	9636	90,989	377	^03,2355	7406
50	0	1653	9664	91,350	389	^03,5065	7540
		+3237,	-28,	+36	+91,	^+49	+87,
'	"	16	28	361	12	2710	134

48°

'	"	15	28	360	13	2711	134
		b_1	b_2	a_1	a_2	l_1	l_2
		+3237,	^-28,	^+36	+91,	+49	^+87,
50	0	1653	^9664	^91,350	389	03,5065	^7540
	10	1638	^9692	^91,710	402	03,7776	^7674
	20	1622	^9721	^92,071	415	04,0488	^7808
	30	1606	^9749	^92,432	428	04,3200	^7943
	40	1591	^9777	^92,792	441	04,5912	^8077
	50	1575	^9805	^93,153	454	04,8625	^8211
51	0	1559	^9833	^93,514	467	05,1338	^8346
	10	1544	^9861	^93,875	480	05,4051	^8480
	20	1528	^9890	^94,236	493	05,6765	^8614
	30	1512	^9918	^94,596	506	05,9480	^8749
	40	1497	^9946	^94,957	518	06,2194	^8883
	50	1481	^9974	^95,318	531	06,4909	^9018
52	0	1465	0002	^95,679	544	06,7625	^9152
	10	1450	0031	^96,040	557	07,0341	^9287
	20	1434	0059	^96,402	570	07,3058	^9422
	30	1418	0087	^96,763	583	07,5774	^9556
	40	1403	0115	^97,124	596	07,8492	^9691
	50	1387	0143	^97,485	609	08,1209	^9826
53	0	1371	0172	^97,846	622	08,3928	^9960
	10	1356	0200	^98,208	635	08,6646	0095
	20	1340	0228	^98,569	648	08,9365	0230
	30	1324	0256	^98,930	661	09,2084	0364
	40	1309	0284	^99,292	674	09,4804	0499
	50	1293	0313	^99,653	687	09,7524	0634
54	0	1277	0341	00,015	700	10,0245	0769
	10	1261	0369	00,376	713	10,2966	0904
	20	1246	0397	00,738	725	10,5688	1039
	30	1230	0426	01,099	738	10,8409	1174
	40	1214	0454	01,461	751	11,1132	1309
	50	1199	0482	01,823	764	11,3854	1444
55	0	1183	0510	02,185	777	11,6578	1579
	10	1167	0539	02,546	790	11,9301	1714
	20	1152	0567	02,908	803	12,2025	1849
	30	1136	0595	03,270	816	12,4750	1984
	40	1120	0623	03,632	829	12,7474	2119
	50	1105	0652	03,994	842	13,0200	2254
56	0	1089	0680	04,356	855	13,2925	2389
	10	1073	0708	04,718	868	13,5651	2524
	20	1058	0736	05,080	881	13,8378	2660
	30	1042	0765	05,442	894	14,1105	2795
	40	1026	0793	05,804	907	14,3832	2930
	50	1011	0821	06,166	920	14,6560	3065
57	0	0995	0849	06,529	933	14,9288	3201
	10	0979	0878	06,891	946	15,2016	3336
	20	0964	0906	07,253	959	15,4745	3472
	30	0948	0934	07,615	972	15,7475	3607
	40	0932	0963	07,978	985	16,0205	3742
	50	0917	0991	08,340	998	16,2935	3878
58	0	0901	1019	08,703	^011	16,5666	4013
	10	0885	1048	09,065	^024	16,8397	4149
	20	0870	1076	09,428	^037	17,1128	4284
	30	0854	1104	09,790	^050	17,3860	4420
	40	0838	1132	10,153	^063	17,6593	4556
	50	0823	1161	10,516	^076	17,9325	4691
59	0	0807	1189	10,878	^089	18,2059	4827
	10	0791	1217	11,241	^102	18,4792	4963
	20	0776	1246	11,604	^115	18,7526	5098
	30	0760	1274	11,967	^129	19,0261	5234
	40	0744	1302	12,330	^142	19,2996	5370
	50	0729	1331	12,692	^155	19,5731	5505
60	0	0713	1359	13,055	^168	19,8467	5641
		+3237,	-29,	+37	^+92,	+49	+88,
'	"	16	28	363	13	2736	136

49°

'	"	16	28	363	13	2736	136
		b_1	b_2	a_1	a_2	l_1	l_2
		+3237,	-29,	+37	+92,	+49	+88,
0	0	0713	1359	13,055	168	19,8467	5641
	10	0697	1387	13,418	181	20,1203	5777
	20	0682	1416	13,781	194	20,3939	5913
	30	0666	1444	14,144	207	20,6676	6049
	40	0651	1472	14,508	220	20,9414	6185
	50	0635	1501	14,871	233	21,2152	6321
1	0	0619	1529	15,234	246	21,4890	6457
	10	0604	1558	15,597	259	21,7628	6593
	20	0588	1586	15,960	272	22,0368	6729
	30	0572	1614	16,324	285	22,3107	6865
	40	0557	1643	16,687	298	22,5847	7001
	50	0541	1671	17,050	311	22,8587	7137
2	0	0525	1699	17,414	324	23,1328	7273
	10	0510	1728	17,777	338	23,4069	7409
	20	0494	1756	18,141	351	23,6811	7546
	30	0478	1785	18,504	364	23,9553	7682
	40	0463	1813	18,868	377	24,2295	7818
	50	0447	1841	19,232	390	24,5038	7954
3	0	0431	1870	19,595	403	24,7782	8091
	10	0416	1898	19,959	416	25,0525	8227
	20	0400	1927	20,323	429	25,3270	8363
	30	0384	1955	20,687	442	25,6014	8500
	40	0369	1983	21,050	455	25,8759	8636
	50	0353	2012	21,414	469	26,1505	8772
4	0	0337	2040	21,778	482	26,4250	8909
	10	0322	2069	22,142	495	26,6997	9045
	20	0306	2097	22,506	508	26,9743	9182
	30	0290	2125	22,870	521	27,2490	9318
	40	0275	2154	23,234	534	27,5238	9455
	50	0259	2182	23,598	547	27,7986	9592
5	0	0243	2211	23,963	560	28,0734	9728
	10	0228	2239	24,327	574	28,3483	ˆ9865
	20	0212	2268	24,691	587	28,6232	ˆ0002
	30	0196	2296	25,055	600	28,8982	ˆ0138
	40	0181	2324	25,420	613	29,1732	ˆ0275
	50	0165	2353	25,784	626	29,4483	ˆ0412
6	0	0149	2381	26,149	639	29,7234	ˆ0548
	10	0134	2410	26,513	652	29,9985	ˆ0685
	20	0118	2438	26,877	666	30,2737	ˆ0822
	30	0102	2467	27,242	679	30,5489	ˆ0959
	40	0087	2495	27,607	692	30,8242	ˆ1096
	50	0071	2524	27,971	705	31,0995	ˆ1233
7	0	0055	2552	28,336	718	31,3748	ˆ1370
	10	0040	2581	28,701	731	31,6502	ˆ1507
	20	0024	2609	29,065	745	31,9256	ˆ1644
	30	ˆ0009	2638	29,430	758	32,2011	ˆ1781
	40	ˆ9993	2666	29,795	771	32,4766	ˆ1918
	50	ˆ9977	2695	30,160	784	32,7522	ˆ2055
8	0	ˆ9962	2723	30,525	797	33,0278	ˆ2192
	10	ˆ9946	2752	30,890	810	33,3034	ˆ2329
	20	ˆ9930	2780	31,255	824	33,5791	ˆ2466
	30	ˆ9915	2809	31,620	837	33,8548	ˆ2604
	40	ˆ9899	2837	31,985	850	34,1306	ˆ2741
	50	ˆ9883	2866	32,350	863	34,4064	ˆ2878
9	0	ˆ9868	2894	32,715	876	34,6823	ˆ3015
	10	ˆ9852	2923	33,080	890	34,9582	ˆ3153
	20	ˆ9836	2951	33,445	903	35,2341	ˆ3290
	30	ˆ9821	2980	33,811	916	35,5101	ˆ3427
	40	ˆ9805	3008	34,176	929	35,7861	ˆ3565
	50	ˆ9789	3037	34,541	942	36,0622	ˆ3702
10	0	ˆ9774	3065	34,907	956	36,3383	ˆ3839
		ˆ+3236,	-29,	+37	+92,	+49	ˆ+89,
'	"	15	28	366	14	2761	137

49°

'	"	16	29	365	13	2762	138
		b_1	b_2	a_1	a_2	l_1	l_2
		+3236,	-29,	+37	ˆ+92,	+49	+89,
10	0	9774	3065	34,907	ˆ956	36,3383	3839
	10	9758	3094	35,272	ˆ969	36,6145	3977
	20	9742	3122	35,637	ˆ982	36,8907	4114
	30	9727	3151	36,003	ˆ995	37,1669	4252
	40	9711	3179	36,369	009	37,4432	4389
	50	9696	3208	36,734	022	37,7195	4527
11	0	9680	3236	37,100	035	37,9959	4665
	10	9664	3265	37,465	048	38,2723	4802
	20	9649	3294	37,831	062	38,5488	4940
	30	9633	3323	38,197	075	38,8253	5078
	40	9617	3351	38,563	088	39,1018	5215
	50	9602	3379	38,929	101	39,3784	5353
12	0	9586	3408	39,294	114	39,6550	5491
	10	9570	3436	39,660	128	39,9317	5629
	20	9555	3465	40,026	141	40,2084	5766
	30	9539	3494	40,392	154	40,4851	5904
	40	9523	3522	40,758	168	40,7619	6042
	50	9508	3551	41,124	181	41,0388	6180
13	0	9492	3579	41,491	194	41,3156	6318
	10	9476	3608	41,857	207	41,5926	6456
	20	9461	3636	42,223	221	41,8695	6594
	30	9445	3665	42,589	234	42,1465	6732
	40	9430	3694	42,955	247	42,4236	6870
	50	9414	3722	43,322	260	42,7007	7008
14	0	9398	3751	43,688	274	42,9778	7146
	10	9383	3779	44,055	287	43,2550	7284
	20	9367	3808	44,421	300	43,5322	7422
	30	9351	3837	44,788	314	43,8095	7561
	40	9336	3865	45,154	327	44,0868	7699
	50	9320	3894	45,521	340	44,3642	7837
15	0	9304	3923	45,887	353	44,6416	7975
	10	9289	3951	46,254	367	44,9190	8114
	20	9273	3980	46,621	380	45,1965	8252
	30	9257	4008	46,987	393	45,4740	8390
	40	9242	4037	47,354	407	45,7516	8529
	50	9226	4066	47,721	420	46,0292	8667
16	0	9211	4094	48,088	433	46,3068	8805
	10	9195	4123	48,455	447	46,5845	8944
	20	9179	4152	48,822	460	46,8623	9082
	30	9164	4180	49,189	473	47,1400	9221
	40	9148	4209	49,556	487	47,4179	9359
	50	9132	4238	49,923	500	47,6957	9498
17	0	9117	4266	50,290	513	47,9736	9637
	10	9101	4295	50,657	527	48,2516	9775
	20	9085	4324	51,024	540	48,5296	ˆ9914
	30	9070	4352	51,392	553	48,8076	ˆ0052
	40	9054	4381	51,759	567	49,0857	ˆ0191
	50	9038	4410	52,126	580	49,3638	ˆ0330
18	0	9023	4438	52,494	593	49,6420	ˆ0469
	10	9007	4467	52,861	607	49,9202	ˆ0607
	20	8992	4496	53,228	620	50,1984	ˆ0746
	30	8976	4524	53,596	633	50,4767	ˆ0885
	40	8960	4553	53,963	647	50,7551	ˆ1024
	50	8945	4582	54,331	660	51,0335	ˆ1163
19	0	8929	4611	54,699	673	51,3119	ˆ1302
	10	8913	4639	55,066	687	51,5904	ˆ1441
	20	8898	4668	55,434	700	51,8689	ˆ1580
	30	8882	4697	55,802	714	52,1474	ˆ1719
	40	8866	4725	56,169	727	52,4260	ˆ1858
	50	8851	4754	56,537	740	52,7047	ˆ1997
20	0	8835	4783	56,905	754	52,9833	ˆ2136
		+3236,	-29,	+37	+93,	+49	ˆ+90,
'	"	16	29	368	14	2786	139

49°

'	"	15	29	368	13	2788	139
		b_1	b_2	a_1	a_2	l_1	l_2
		+3236,	-29,	+37	^+93,	+49	+90,
20	0	8835	4783	56,905	^754	52,9833	2136
	10	8820	4812	57,273	^767	53,2621	2275
	20	8804	4840	57,641	^781	53,5408	2414
	30	8788	4869	58,009	^794	53,8197	2553
	40	8773	4898	58,377	^807	54,0985	2693
	50	8757	4926	58,745	^821	54,3774	2832
21	0	8741	4955	59,113	^834	54,6564	2971
	10	8726	4984	59,481	^847	54,9353	3110
	20	8710	5013	59,850	^861	55,2144	3250
	30	8694	5041	60,218	^874	55,4934	3389
	40	8679	5070	60,586	^888	55,7726	3528
	50	8663	5099	60,954	^901	56,0517	3668
22	0	8648	5128	61,323	^915	56,3309	3807
	10	8632	5156	61,691	^928	56,6102	3947
	20	8616	5185	62,060	^941	56,8894	4086
	30	8601	5214	62,428	^955	57,1688	4226
	40	8585	5243	62,797	^968	57,4482	4365
	50	8569	5272	63,165	^982	57,7276	4505
23	0	8554	5300	63,534	^995	58,0070	4644
	10	8538	5329	63,902	009	58,2865	4784
	20	8522	5358	64,271	022	58,5661	4923
	30	8507	5387	64,640	035	58,8457	5063
	40	8491	5416	65,009	049	59,1253	5203
	50	8476	5444	65,377	062	59,4050	5343
24	0	8460	5473	65,746	076	59,6847	5482
	10	8444	5502	66,115	089	59,9645	5622
	20	8429	5531	66,484	103	60,2443	5762
	30	8413	5560	66,853	116	60,5241	5902
	40	8397	5588	67,222	130	60,8040	6042
	50	8382	5617	67,591	143	61,0840	6182
25	0	8366	5646	67,960	157	61,3639	6321
	10	8351	5675	68,329	170	61,6440	6461
	20	8335	5704	68,699	183	61,9240	6601
	30	8319	5732	69,068	197	62,2041	6741
	40	8304	5761	69,437	210	62,4843	6881
	50	8288	5790	69,806	224	62,7645	7022
26	0	8272	5819	70,176	237	63,0447	7162
	10	8257	5848	70,545	251	63,3250	7302
	20	8241	5877	70,915	264	63,6053	7442
	30	8226	5905	71,284	278	63,8857	7582
	40	8210	5934	71,654	291	64,1661	7722
	50	8194	5963	72,023	305	64,4466	7862
27	0	8179	5992	72,393	318	64,7271	8003
	10	8163	6021	72,763	332	65,0076	8143
	20	8147	6050	73,132	345	65,2882	8283
	30	8132	6079	73,502	359	65,5689	8424
	40	8116	6108	73,872	372	65,8495	8564
	50	8101	6136	74,242	386	66,1302	8704
28	0	8085	6165	74,611	399	66,4110	8845
	10	8069	6194	74,981	413	66,6918	8985
	20	8054	6223	75,351	427	66,9727	9126
	30	8038	6252	75,721	440	67,2536	9266
	40	8022	6281	76,091	454	67,5345	9407
	50	8007	6310	76,461	467	67,8155	9547
29	0	7991	6339	76,831	481	68,0965	9688
	10	7976	6368	77,202	494	68,3776	9829
	20	7960	6396	77,572	508	68,6587	9969
	30	7944	6425	77,942	521	68,9398	^0110
	40	7929	6454	78,312	535	69,2210	^0251
	50	7913	6483	78,683	548	69,5023	^0391
30	0	7897	6512	79,053	562	69,7836	^0532
		+3236,	-29,	+37	+94,	+49	^+91,
'	"	16	29	370	14	2813	141

49°

'	"	15	29	370	13	2813	141
		b_1	b_2	a_1	a_2	l_1	l_2
		+3236,	-29,	+37	+94,	+49	+91,
30	0	7897	6512	79,053	562	69,7836	0532
	10	7882	6541	79,423	575	70,0649	0673
	20	7866	6570	79,794	589	70,3463	0814
	30	7851	6599	80,164	603	70,6277	0955
	40	7835	6628	80,535	616	70,9091	1096
	50	7819	6657	80,906	630	71,1906	1237
31	0	7804	6686	81,276	643	71,4722	1377
	10	7788	6715	81,647	657	71,7538	1518
	20	7772	6744	82,018	670	72,0354	1659
	30	7757	6772	82,388	684	72,3171	1800
	40	7741	6801	82,759	698	72,5988	1941
	50	7726	6830	83,130	711	72,8806	2083
32	0	7710	6859	83,501	725	73,1624	2224
	10	7694	6888	83,872	738	73,4442	2365
	20	7679	6917	84,243	752	73,7261	2506
	30	7663	6946	84,614	766	74,0081	2647
	40	7648	6975	84,985	779	74,2901	2788
	50	7632	7004	85,356	793	74,5721	2930
33	0	7616	7033	85,727	806	74,8542	3071
	10	7601	7062	86,098	820	75,1363	3212
	20	7585	7091	86,469	834	75,4184	3354
	30	7569	7120	86,840	847	75,7006	3495
	40	7554	7149	87,212	861	75,9829	3636
	50	7538	7178	87,583	874	76,2652	3778
34	0	7523	7207	87,954	888	76,5475	3919
	10	7507	7236	88,326	902	76,8299	4061
	20	7491	7265	88,697	915	77,1123	4202
	30	7476	7294	89,069	929	77,3948	4344
	40	7460	7323	89,440	943	77,6773	4485
	50	7444	7352	89,812	956	77,9598	4627
35	0	7429	7381	90,184	970	78,2424	4768
	10	7413	7410	90,555	984	78,5251	4910
	20	7398	7439	90,927	997	78,8078	5052
	30	7382	7468	91,299	^011	79,0905	5193
	40	7366	7497	91,671	^024	79,3733	5335
	50	7351	7526	92,042	^038	79,6561	5477
36	0	7335	7555	92,414	^052	79,9390	5619
	10	7320	7584	92,786	^065	80,2219	5761
	20	7304	7613	93,158	^079	80,5048	5902
	30	7288	7642	93,530	^093	80,7878	6044
	40	7273	7671	93,902	^106	81,0708	6186
	50	7257	7700	94,274	^120	81,3539	6328
37	0	7242	7730	94,646	^134	81,6370	6470
	10	7226	7759	95,019	^147	81,9202	6612
	20	7210	7788	95,391	^161	82,2034	6754
	30	7195	7817	95,763	^175	82,4867	6896
	40	7179	7846	96,135	^189	82,7700	7038
	50	7163	7875	96,508	^202	83,0533	7180
38	0	7148	7904	96,880	^216	83,3367	7322
	10	7132	7933	97,253	^230	83,6202	7465
	20	7117	7962	97,625	^243	83,9036	7607
	30	7101	7991	97,998	^257	84,1872	7749
	40	7085	8020	98,370	^271	84,4707	7891
	50	7070	8049	98,743	^284	84,7543	8033
39	0	7054	8078	99,115	^298	85,0380	8176
	10	7039	8108	99,488	^312	85,3217	8318
	20	7023	8137	99,861	^326	85,6054	8460
	30	7007	8166	^00,234	^339	85,8892	8603
	40	6992	8195	^00,606	^353	86,1730	8745
	50	6976	8224	^00,979	^367	86,4569	8888
40	0	6961	8253	^01,352	^380	86,7408	9030
		+3236,	-29,	^+38	+95,	+49	+91,
'	"	15	29	373	13	2839	142

49°

'	"	16	29.	373	14	2840	143
		b_1	b_2	a_1	a_2	l_1	l_2
		+3236,	-29,	+38	+95,	+49	^+91,
40	0	6961	8253	01,352	380	86,7408	^9030
	10	6945	8282	01,725	394	87,0248	^9173
	20	6929	8311	02,098	408	87,3088	^9315
	30	6914	8340	02,471	422	87,5929	^9458
	40	6898	8370	02,844	435	87,8770	^9600
	50	6883	8399	03,217	449	88,1611	^9743
41	0	6867	8428	03,591	463	88,4453	^9886
	10	6851	8457	03,964	477	88,7295	0028
	20	6836	8486	04,337	490	89,0138	0171
	30	6820	8515	04,710	504	89,2981	0314
	40	6805	8544	05,084	518	89,5825	0457
	50	6789	8574	05,457	532	89,8669	0599
42	0	6773	8603	05,830	545	90,1513	0742
	10	6758	8632	06,204	559	90,4358	0885
	20	6742	8661	06,577	573	90,7203	1028
	30	6726	8690	06,951	587	91,0049	1171
	40	6711	8719	07,324	601	91,2896	1314
	50	6695	8749	07,698	614	91,5742	1457
43	0	6680	8778	08,072	628	91,8589	1600
	10	6664	8807	08,445	642	92,1437	1743
	20	6648	8836	08,819	656	92,4285	1886
	30	6633	8865	09,193	669	92,7133	2029
	40	6617	8894	09,567	683	92,9982	2172
	50	6602	8924	09,941	697	93,2832	2315
44	0	6586	8953	10,315	711	93,5682	2458
	10	6570	8982	10,689	725	93,8532	2601
	20	6555	9011	11,063	738	94,1383	2745
	30	6539	9040	11,437	752	94,4234	2888
	40	6524	9070	11,811	766	94,7085	3031
	50	6508	9099	12,185	780	94,9937	3174
45	0	6492	9128	12,559	794	95,2790	3318
	10	6477	9157	12,933	807	95,5643	3461
	20	6461	9186	13,308	821	95,8496	3605
	30	6446	9216	13,682	835	96,1350	3748
	40	6430	9245	14,056	849	96,4204	3891
	50	6414	9274	14,431	863	96,7059	4035
46	0	6399	9303	14,805	877	96,9914	4178
	10	6383	9333	15,180	890	97,2770	4322
	20	6368	9362	15,554	904	97,5626	4466
	30	6352	9391	15,929	918	97,8482	4609
	40	6336	9420	16,303	932	98,1339	4753
	50	6321	9450	16,678	946	98,4196	4896
47	0	6305	9479	17,053	960	98,7054	5040
	10	6290	9508	17,427	974	98,9912	5184
	20	6274	9537	17,802	^987	99,2771	5328
	30	6259	9567	18,177	^001	99,5630	5471
	40	6243	9596	18,552	^015	99,8490	5615
	50	6227	9625	18,927	^029	^00,1350	5759
48	0	6212	9654	19,302	^043	^00,4210	5903
	10	6196	9684	19,677	^057	^00,7071	6047
	20	6181	9713	20,052	^071	^00,9933	6191
	30	6165	9742	20,427	^084	^01,2794	6335
	40	6149	9772	20,802	^098	^01,5657	6479
	50	6134	9801	21,177	^112	^01,8519	6623
49	0	6118	9830	21,552	^126	^02,1383	6767
	10	6103	9859	21,928	^140	^02,4246	6911
	20	6087	9889	22,303	^154	^02,7110	7055
	30	6071	9918	22,678	^168	^02,9975	7199
	40	6056	9947	23,054	^182	^03,2840	7343
	50	6040	9977	23,429	^196	^03,5705	7487
50	0	6025	^0006	23,805	^210	^03,8571	7631
		+3236,	^-30,	+38	^+96,	^+50	+92,
'	"	15	29	376	14	2866	144

49°

'	"	16	29	375	13	2866	145
		b_1	b_2	a_1	a_2	l_1	l_2
		+3236,	-30,	+38	+96,	+50	^+92,
50	0	6025	0006	23,805	210	03,8571	^7631
	10	6009	0035	24,180	223	04,1437	^7776
	20	5993	0065	24,556	237	04,4304	^7920
	30	5978	0094	24,931	251	04,7171	^8064
	40	5962	0123	25,307	265	05,0039	^8209
	50	5947	0153	25,683	279	05,2907	^8353
51	0	5931	0182	26,058	293	05,5775	^8497
	10	5915	0211	26,434	307	05,8644	^8642
	20	5900	0241	26,810	321	06,1514	^8786
	30	5884	0270	27,186	335	06,4384	^8931
	40	5869	0299	27,562	349	06,7254	^9075
	50	5853	0329	27,938	363	07,0125	^9220
52	0	5838	0358	28,314	377	07,2996	^9364
	10	5822	0387	28,690	391	07,5868	^9509
	20	5806	0417	29,066	404	07,8740	^9653
	30	5791	0446	29,442	418	08,1612	^9798
	40	5775	0475	29,818	432	08,4485	^9943
	50	5760	0505	30,194	446	08,7359	0087
53	0	5744	0534	30,570	460	09,0233	0232
	10	5728	0564	30,947	474	09,3107	0377
	20	5713	0593	31,323	488	09,5982	0522
	30	5697	0622	31,699	502	09,8857	0667
	40	5682	0652	32,076	516	10,1733	0811
	50	5666	0681	32,452	530	10,4609	0956
54	0	5650	0711	32,829	544	10,7485	1101
	10	5635	0740	33,205	558	11,0363	1246
	20	5619	0769	33,582	572	11,3240	1391
	30	5604	0799	33,959	586	11,6118	1536
	40	5588	0828	34,335	600	11,8996	1681
	50	5573	0858	34,712	614	12,1875	1826
55	0	5557	0887	35,089	628	12,4755	1971
	10	5541	0916	35,466	642	12,7634	2116
	20	5526	0946	35,842	656	13,0514	2262
	30	5510	0975	36,219	670	13,3395	2407
	40	5495	1005	36,596	684	13,6276	2552
	50	5479	1034	36,973	698	13,9158	2697
56	0	5463	1064	37,350	712	14,2040	2842
	10	5448	1093	37,727	727	14,4922	2988
	20	5432	1122	38,104	740	14,7805	3133
	30	5417	1152	38,482	754	15,0688	3278
	40	5401	1181	38,859	768	15,3572	3424
	50	5386	1211	39,236	782	15,6456	3569
57	0	5370	1240	39,613	796	15,9341	3715
	10	5354	1270	39,991	810	16,2226	3860
	20	5339	1299	40,368	824	16,5112	4006
	30	5323	1329	40,745	838	16,7998	4151
	40	5308	1358	41,123	852	17,0884	4297
	50	5292	1388	41,500	866	17,3771	4442
58	0	5276	1417	41,878	880	17,6659	4588
	10	5261	1446	42,256	894	17,9547	4734
	20	5245	1476	42,633	909	18,2435	4879
	30	5230	1505	43,011	923	18,5324	5025
	40	5214	1535	43,389	937	18,8213	5171
	50	5199	1564	43,766	951	19,1102	5316
59	0	5183	1594	44,144	965	19,3993	5462
	10	5167	1623	44,522	979	19,6883	5608
	20	5152	1653	44,900	^993	19,9774	5754
	30	5136	1682	45,278	^007	20,2666	5900
	40	5121	1712	45,656	^021	20,5558	6046
	50	5105	1741	46,034	^035	20,8450	6192
60	0	5090	1771	46,412	^049	21,1343	6338
		+3236,	-30,	+38	^+97,	+50	+93,
'	"	15	30	378	14	2893	146

50°

′	″	16	30	378	14	2893	146
		b_1	b_2	a_1	a_2	l_1	l_2
		+3236,	-30,	+38	+97,	+50	^+93,
0	0	5090	1771	46,412	049	21,1343	^6338
	10	5074	1801	46,790	063	21,4236	^6484
	20	5058	1830	47,168	077	21,7130	^6630
	30	5043	1860	47,546	091	22,0024	^6776
	40	5027	1889	47,925	106	22,2919	^6922
	50	5012	1919	48,303	120	22,5814	^7068
1	0	4996	1948	48,681	134	22,8709	^7214
	10	4981	1978	49,060	148	23,1605	^7360
	20	4965	2007	49,438	162	23,4502	^7507
	30	4949	2037	49,817	176	23,7399	^7653
	40	4934	2066	50,195	190	24,0296	^7799
	50	4918	2096	50,574	204	24,3194	^7945
2	0	4903	2125	50,952	218	24,6092	^8092
	10	4887	2155	51,331	233	24,8991	^8238
	20	4872	2185	51,710	247	25,1890	^8384
	30	4856	2214	52,088	261	25,4789	^8531
	40	4840	2244	52,467	275	25,7690	^8677
	50	4825	2273	52,846	289	26,0590	^8824
3	0	4809	2303	53,225	303	26,3491	^8970
	10	4794	2332	53,604	317	26,6392	^9117
	20	4778	2362	53,983	332	26,9294	^9263
	30	4763	2392	54,362	346	27,2197	^9410
	40	4747	2421	54,741	360	27,5099	^9557
	50	4731	2451	55,120	374	27,8003	^9703
4	0	4716	2480	55,499	388	28,0906	^9850
	10	4700	2510	55,878	402	28,3811	^9997
	20	4685	2540	56,257	416	28,6715	0143
	30	4669	2569	56,637	431	28,9620	0290
	40	4654	2599	57,016	445	29,2526	0437
	50	4638	2628	57,395	459	29,5432	0584
5	0	4622	2658	57,775	473	29,8338	0731
	10	4607	2688	58,154	487	30,1245	0878
	20	4591	2717	58,533	501	30,4152	1025
	30	4576	2747	58,913	516	30,7060	1172
	40	4560	2777	59,293	530	30,9969	1319
	50	4545	2806	59,672	544	31,2877	1466
6	0	4529	2836	60,052	558	31,5786	1613
	10	4513	2865	60,431	572	31,8696	1760
	20	4498	2895	60,811	587	32,1606	1907
	30	4482	2925	61,191	601	32,4517	2054
	40	4467	2954	61,571	615	32,7428	2201
	50	4451	2984	61,951	629	33,0339	2348
7	0	4436	3014	62,331	643	33,3251	2496
	10	4420	3043	62,711	658	33,6163	2643
	20	4404	3073	63,091	672	33,9076	2790
	30	4389	3103	63,471	686	34,1989	2937
	40	4373	3132	63,851	700	34,4903	3085
	50	4358	3162	64,231	715	34,7817	3232
8	0	4342	3192	64,611	729	35,0732	3380
	10	4327	3221	64,991	743	35,3647	3527
	20	4311	3251	65,372	757	35,6563	3674
	30	4296	3281	65,752	772	35,9479	3822
	40	4280	3311	66,132	786	36,2395	3969
	50	4264	3340	66,513	800	36,5312	4117
9	0	4249	3370	66,893	814	36,8229	4265
	10	4233	3400	67,274	828	37,1147	4412
	20	4218	3429	67,654	843	37,4066	4560
	30	4202	3459	68,035	857	37,6984	4708
	40	4187	3489	68,415	871	37,9904	4855
	50	4171	3519	68,796	886	38,2823	5003
10	0	4156	3548	69,177	900	38,5743	5151
		+3236,	-30,	+38	+97,	+50	+94,
′	″	15	29	381	14	2920	148

50°

′	″	16	30	380	14	2921	148
		b_1	b_2	a_1	a_2	l_1	l_2
		+3236,	-30,	+38	^+97,	+50	+94,
10	0	4156	3548	69,177	^900	38,5743	5151
	10	4140	3578	69,557	^914	38,8664	5299
	20	4124	3608	69,938	^928	39,1585	5446
	30	4109	3637	70,319	^943	39,4507	5594
	40	4093	3667	70,700	^957	39,7429	5742
	50	4078	3697	71,081	^971	40,0351	5890
11	0	4062	3727	71,462	^985	40,3274	6038
	10	4047	3756	71,843	000	40,6197	6186
	20	4031	3786	72,224	014	40,9121	6334
	30	4015	3816	72,605	028	41,2045	6482
	40	4000	3846	72,986	043	41,4970	6630
	50	3984	3875	73,367	057	41,7895	6778
12	0	3969	3905	73,749	071	42,0821	6926
	10	3953	3935	74,130	086	42,3747	7075
	20	3938	3965	74,511	100	42,6673	7223
	30	3922	3994	74,893	114	42,9600	7371
	40	3907	4024	75,274	128	43,2528	7519
	50	3891	4054	75,655	143	43,5456	7667
13	0	3875	4084	76,037	157	43,8384	7816
	10	3860	4114	76,419	171	44,1313	7964
	20	3844	4143	76,800	186	44,4242	8113
	30	3829	4173	77,182	200	44,7172	8261
	40	3813	4203	77,563	214	45,0102	8409
	50	3798	4233	77,945	229	45,3033	8558
14	0	3782	4263	78,327	243	45,5964	8706
	10	3767	4292	78,709	257	45,8896	8855
	20	3751	4322	79,091	272	46,1828	9003
	30	3736	4352	79,473	286	46,4760	9152
	40	3720	4382	79,854	300	46,7693	9301
	50	3704	4412	80,236	315	47,0627	9449
15	0	3689	4441	80,618	329	47,3561	9598
	10	3673	4471	81,001	344	47,6495	9747
	20	3658	4501	81,383	358	47,9430	^9895
	30	3642	4531	81,765	372	48,2365	^0044
	40	3627	4561	82,147	387	48,5301	^0193
	50	3611	4591	82,529	401	48,8237	^0342
16	0	3596	4621	82,912	415	49,1174	^0491
	10	3580	4650	83,294	430	49,4111	^0640
	20	3564	4680	83,676	444	49,7049	^0788
	30	3549	4710	84,059	459	49,9987	^0937
	40	3533	4740	84,441	473	50,2925	^1086
	50	3518	4770	84,824	487	50,5864	^1235
17	0	3502	4800	85,206	502	50,8804	^1384
	10	3487	4830	85,589	516	51,1744	^1534
	20	3471	4859	85,972	531	51,4684	^1683
	30	3456	4889	86,354	545	51,7625	^1832
	40	3440	4919	86,737	559	52,0566	^1981
	50	3425	4949	87,120	574	52,3508	^2130
18	0	3409	4979	87,503	588	52,6450	^2279
	10	3393	5009	87,886	603	52,9393	^2429
	20	3378	5039	88,269	617	53,2336	^2578
	30	3362	5069	88,652	631	53,5280	^2727
	40	3347	5099	89,035	646	53,8224	^2877
	50	3331	5128	89,418	660	54,1168	^3026
19	0	3316	5158	89,801	675	54,4113	^3175
	10	3300	5188	90,184	689	54,7059	^3325
	20	3285	5218	90,567	704	55,0005	^3474
	30	3269	5248	90,950	718	55,2951	^3624
	40	3254	5278	91,334	732	55,5898	^3773
	50	3238	5308	91,717	747	55,8845	^3923
20	0	3222	5338	92,100	761	56,1793	^4072
		+3236,	-30,	+38	+98,	+50	^+95,
′	″	16	30	383	14	2948	149

50°

'	"	15	30	384	15	2948	150
		b_1	b_2	a_1	a_2	l_1	l_2
		+3236,	-30,	^+38	^+98,	+50	+95,
20	0	3222	5338	^92,100	^761	56,1793	4072
	10	3207	5368	^92,484	^776	56,4741	4222
	20	3191	5398	^92,867	^790	56,7690	4372
	30	3176	5428	^93,251	^805	57,0639	4521
	40	3160	5458	^93,634	^819	57,3589	4671
	50	3145	5488	^94,018	^834	57,6539	4821
21	0	3129	5518	^94,402	^848	57,9489	4971
	10	3114	5547	^94,785	^863	58,2441	5121
	20	3098	5577	^95,169	^877	58,5392	5270
	30	3083	5607	^95,553	^892	58,8344	5420
	40	3067	5637	^95,937	^906	59,1296	5570
	50	3051	5667	^96,321	^921	59,4249	5720
22	0	3036	5697	^96,704	^935	59,7203	5870
	10	3020	5727	^97,088	^950	60,0156	6020
	20	3005	5757	^97,472	^964	60,3111	6170
	30	2989	5787	^97,856	^979	60,6065	6320
	40	2974	5817	^98,241	^993	60,9021	6470
	50	2958	5847	^98,625	008	61,1976	6620
23	0	2943	5877	^99,009	022	61,4933	6770
	10	2927	5907	^99,393	037	61,7889	6921
	20	2912	5937	^99,777	051	62,0846	7071
	30	2896	5967	00,162	066	62,3804	7221
	40	2881	5997	00,546	080	62,6762	7371
	50	2865	6027	00,931	095	62,9720	7522
24	0	2850	6057	01,315	109	63,2679	7672
	10	2834	6087	01,699	124	63,5639	7822
	20	2818	6117	02,084	138	63,8598	7973
	30	2803	6147	02,469	153	64,1559	8123
	40	2787	6177	02,853	167	64,4520	8274
	50	2772	6207	03,238	182	64,7481	8424
25	0	2756	6237	03,623	196	65,0443	8575
	10	2741	6267	04,007	211	65,3405	8725
	20	2725	6297	04,392	225	65,6367	8876
	30	2710	6328	04,777	240	65,9331	9026
	40	2694	6358	05,162	255	66,2294	9177
	50	2679	6388	05,547	269	66,5258	9328
26	0	2663	6418	05,932	284	66,8223	9478
	10	2648	6448	06,317	298	67,1188	9629
	20	2632	6478	06,702	313	67,4153	9780
	30	2617	6508	07,087	327	67,7119	9931
	40	2601	6538	07,472	342	68,0086	^0082
	50	2585	6568	07,858	357	68,3052	^0232
27	0	2570	6598	08,243	371	68,6020	^0383
	10	2554	6628	08,628	386	68,8988	^0534
	20	2539	6658	09,014	400	69,1956	^0685
	30	2523	6688	09,399	415	69,4925	^0836
	40	2508	6718	09,784	430	69,7894	^0987
	50	2492	6749	10,170	444	70,0864	^1138
28	0	2477	6779	10,555	459	70,3834	^1289
	10	2461	6809	10,941	473	70,6804	^1440
	20	2446	6839	11,327	488	70,9775	^1592
	30	2430	6869	11,712	503	71,2747	^1743
	40	2415	6899	12,098	517	71,5719	^1894
	50	2399	6929	12,484	532	71,8691	^2045
29	0	2384	6959	12,870	546	72,1664	^2196
	10	2368	6989	13,256	561	72,4638	^2348
	20	2353	7020	13,641	576	72,7612	^2499
	30	2337	7050	14,027	590	73,0586	^2650
	40	2321	7080	14,413	605	73,3561	^2802
	50	2306	7110	14,799	620	73,6536	^2953
30	0	2290	7140	15,185	634	73,9512	^3105
		+3236,	-30,	+39	+99,	+50	^+96,
'	"	16	30	386	14	2976	152

50°

'	"	15	30	387	15	2976	151
		b_1	b_2	a_1	a_2	l_1	l_2
		+3236,	-30,	+39	+99,	+50	+96,
30	0	2290	7140	15,185	^634	73,9512	3105
	10	2275	7170	15,572	^649	74,2488	3256
	20	2259	7200	15,958	^663	74,5465	3408
	30	2244	7231	16,344	^678	74,8442	3559
	40	2228	7261	16,730	^693	75,1420	3711
	50	2213	7291	17,117	^707	75,4398	3862
31	0	2197	7321	17,503	^722	75,7377	4014
	10	2182	7351	17,889	^737	76,0356	4166
	20	2166	7381	18,276	^751	76,3335	4317
	30	2151	7411	18,662	^766	76,6315	4469
	40	2135	7442	19,049	^781	76,9296	4621
	50	2120	7472	19,435	^795	77,2277	4773
32	0	2104	7502	19,822	^810	77,5258	4925
	10	2089	7532	20,209	^825	77,8240	5076
	20	2073	7562	20,595	^839	78,1222	5228
	30	2058	7593	20,982	^854	78,4205	5380
	40	2042	7623	21,369	^869	78,7188	5532
	50	2027	7653	21,756	^884	79,0172	5684
33	0	2011	7683	22,143	^898	79,3156	5836
	10	1995	7713	22,530	^913	79,6141	5988
	20	1980	7744	22,917	^928	79,9126	6140
	30	1964	7774	23,304	^942	80,2112	6292
	40	1949	7804	23,691	^957	80,5098	6445
	50	1933	7834	24,078	^972	80,8085	6597
34	0	1918	7864	24,465	^987	81,1072	6749
	10	1902	7895	24,852	001	81,4059	6901
	20	1887	7925	25,240	016	81,7047	7053
	30	1871	7955	25,627	031	82,0036	7206
	40	1856	7985	26,014	045	82,3025	7358
	50	1840	8016	26,402	060	82,6014	7510
35	0	1825	8046	26,789	075	82,9004	7663
	10	1809	8076	27,177	090	83,1994	7815
	20	1794	8106	27,564	104	83,4985	7968
	30	1778	8137	27,952	119	83,7977	8120
	40	1763	8167	28,339	134	84,0968	8273
	50	1747	8197	28,727	149	84,3961	8425
36	0	1732	8227	29,115	163	84,6953	8578
	10	1716	8258	29,503	178	84,9947	8730
	20	1701	8288	29,890	193	85,2940	8883
	30	1685	8318	30,278	208	85,5934	9036
	40	1670	8349	30,666	222	85,8929	9188
	50	1654	8379	31,054	237	86,1924	9341
37	0	1639	8409	31,442	252	86,4920	9494
	10	1623	8439	31,830	267	86,7916	9647
	20	1608	8470	32,218	282	87,0912	9800
	30	1592	8500	32,606	296	87,3909	9952
	40	1577	8530	32,995	311	87,6907	^0105
	50	1561	8561	33,383	326	87,9905	^0258
38	0	1546	8591	33,771	341	88,2903	^0411
	10	1530	8621	34,159	355	88,5902	^0564
	20	1515	8652	34,548	370	88,8901	^0717
	30	1499	8682	34,936	385	89,1901	^0870
	40	1484	8712	35,325	400	89,4901	^1023
	50	1468	8743	35,713	415	89,7902	^1177
39	0	1452	8773	36,102	429	90,0904	^1330
	10	1437	8803	36,490	444	90,3905	^1483
	20	1421	8834	36,879	459	90,6907	^1636
	30	1406	8864	37,268	474	90,9910	^1789
	40	1390	8894	37,656	489	91,2913	^1943
	50	1375	8925	38,045	504	91,5917	^2096
40	0	1359	8955	38,434	518	91,8921	^2249
		+3236,	-30,	+39	+100,	+50	^+97,
'	"	16	30	389	14	3004	153

50°

'	"	15	30	389	15	3005	154
		b_1	b_2	a_1	a_2	l_1	l_2
		+3236,	-30,	+39	+100,	ˆ+50	+97,
40	0	1359	8955	38,434	518	ˆ91,8921	2249
	10	1344	8985	38,823	533	ˆ92,1926	2403
	20	1328	9016	39,212	548	ˆ92,4931	2556
	30	1313	9046	39,601	563	ˆ92,7936	2709
	40	1297	9076	39,990	578	ˆ93,0942	2863
	50	1282	9107	40,379	593	ˆ93,3949	3016
41	0	1266	9137	40,768	607	ˆ93,6956	3170
	10	1251	9168	41,157	622	ˆ93,9963	3324
	20	1235	9198	41,546	637	ˆ94,2971	3477
	30	1220	9228	41,935	652	ˆ94,5980	3631
	40	1204	9259	42,325	667	ˆ94,8988	3784
	50	1189	9289	42,714	682	ˆ95,1998	3938
42	0	1173	9319	43,103	697	ˆ95,5008	4092
	10	1158	9350	43,493	712	ˆ95,8018	4246
	20	1142	9380	43,882	726	ˆ96,1029	4399
	30	1127	9411	44,272	741	ˆ96,4040	4553
	40	1111	9441	44,661	756	ˆ96,7052	4707
	50	1096	9472	45,051	771	ˆ97,0064	4861
43	0	1080	9502	45,441	786	ˆ97,3077	5015
	10	1065	9532	45,830	801	ˆ97,6090	5169
	20	1049	9563	46,220	816	ˆ97,9103	5323
	30	1034	9593	46,610	831	ˆ98,2117	5477
	40	1018	9624	47,000	846	ˆ98,5132	5631
	50	1003	9654	47,390	860	ˆ98,8147	5785
44	0	0987	9685	47,779	875	ˆ99,1163	5939
	10	0972	9715	48,169	890	ˆ99,4179	6093
	20	0956	9745	48,559	905	ˆ99,7195	6247
	30	0941	9776	48,950	920	00,0212	6401
	40	0925	9806	49,340	935	00,3230	6556
	50	0910	9837	49,730	950	00,6248	6710
45	0	0894	9867	50,120	965	00,9266	6864
	10	0879	9898	50,510	980	01,2285	7019
	20	0863	9928	50,901	995	01,5304	7173
	30	0848	9959	51,291	ˆ010	01,8324	7327
	40	0832	9989	51,681	ˆ025	02,1344	7482
	50	0817	ˆ0020	52,072	ˆ040	02,4365	7636
46	0	0801	ˆ0050	52,462	ˆ055	02,7387	7791
	10	0786	ˆ0081	52,853	ˆ069	03,0408	7945
	20	0770	ˆ0111	53,243	ˆ084	03,3431	8100
	30	0755	ˆ0142	53,634	ˆ099	03,6453	8254
	40	0739	ˆ0172	54,025	ˆ114	03,9477	8409
	50	0724	ˆ0203	54,415	ˆ129	04,2500	8564
47	0	0708	ˆ0233	54,806	ˆ144	04,5524	8718
	10	0693	ˆ0264	55,197	ˆ159	04,8549	8873
	20	0677	ˆ0294	55,588	ˆ174	05,1574	9028
	30	0662	ˆ0325	55,979	ˆ189	05,4600	9183
	40	0646	ˆ0355	56,370	ˆ204	05,7626	9337
	50	0631	ˆ0386	56,761	ˆ219	06,0652	9492
48	0	0615	ˆ0416	57,152	ˆ234	06,3679	9647
	10	0600	ˆ0447	57,543	ˆ249	06,6707	9802
	20	0584	ˆ0477	58,934	ˆ264	06,9735	9957
	30	0569	ˆ0508	58,325	ˆ279	07,2763	ˆ0112
	40	0553	ˆ0538	58,716	ˆ294	07,5792	ˆ0267
	50	0538	ˆ0569	59,108	ˆ309	07,8822	ˆ0422
49	0	0523	ˆ0599	59,499	ˆ324	08,1852	ˆ0577
	10	0507	ˆ0630	59,890	ˆ339	08,4882	ˆ0732
	20	0492	ˆ0661	60,282	ˆ354	08,7913	ˆ0887
	30	0476	ˆ0691	60,673	ˆ369	09,0944	ˆ1042
	40	0461	ˆ0722	61,065	ˆ384	09,3976	ˆ1198
	50	0445	ˆ0752	61,456	ˆ399	09,7009	ˆ1353
50	0	0430	ˆ0783	61,848	ˆ414	10,0041	ˆ1508
		+3236,	ˆ-31,	+39	ˆ+101,	+51	ˆ+98,
'	"	15	31	392	15	3032	155

50°

'	"	16	30	391	15	3034	155
		b_1	b_2	a_1	a_2	l_1	l_2
		+3236,	-31,	+39	+101,	+51	+98,
50	0	ˆ0430	0783	61,848	414	10,0041	1508
	10	ˆ0414	0813	62,239	429	10,3075	1663
	20	ˆ0399	0844	62,631	444	10,6108	1819
	30	ˆ0383	0875	63,023	459	10,9143	1974
	40	ˆ0368	0905	63,415	474	11,2177	2130
	50	ˆ0352	0936	63,807	489	11,5213	2285
51	0	ˆ0337	0966	64,198	504	11,8248	2440
	10	ˆ0321	0997	64,590	520	12,1285	2596
	20	ˆ0306	1027	64,982	535	12,4321	2751
	30	ˆ0290	1058	65,374	550	12,7358	2907
	40	ˆ0275	1089	65,766	565	13,0396	3063
	50	ˆ0259	1119	66,158	580	13,3434	3218
52	0	ˆ0244	1150	66,551	595	13,6473	3374
	10	ˆ0228	1181	66,943	610	13,9512	3529
	20	ˆ0213	1211	67,335	625	14,2551	3685
	30	ˆ0197	1242	67,727	640	14,5591	3841
	40	ˆ0182	1272	68,120	655	14,8632	3997
	50	ˆ0166	1303	68,512	670	15,1673	4153
53	0	ˆ0151	1334	68,905	685	15,4714	4308
	10	ˆ0135	1364	69,297	700	15,7756	4464
	20	ˆ0120	1395	69,690	715	16,0799	4620
	30	ˆ0104	1426	70,082	731	16,3842	4776
	40	ˆ0089	1456	70,475	746	16,6885	4932
	50	ˆ0073	1487	70,867	761	16,9929	5088
54	0	ˆ0058	1518	71,260	776	17,2973	5244
	10	ˆ0042	1548	71,653	791	17,6018	5400
	20	ˆ0027	1579	72,046	806	17,9064	5556
	30	ˆ0011	1610	72,439	821	18,2110	5712
	40	9996	1640	72,832	836	18,5156	5869
	50	9981	1671	73,225	851	18,8203	6025
55	0	9965	1702	73,618	867	19,1250	6181
	10	9950	1732	74,011	882	19,4298	6337
	20	9934	1763	74,404	897	19,7346	6494
	30	9919	1794	74,797	912	20,0395	6650
	40	9903	1824	75,190	927	20,3444	6806
	50	9888	1855	75,583	942	20,6494	6963
56	0	9872	1886	75,977	957	20,9544	7119
	10	9857	1916	76,370	973	21,2595	7276
	20	9841	1947	76,763	988	21,5646	7432
	30	9826	1978	77,157	ˆ003	21,8697	7589
	40	9810	2009	77,550	ˆ018	22,1750	7745
	50	9795	2039	77,944	ˆ033	22,4802	7902
57	0	9779	2070	78,337	ˆ048	22,7855	8058
	10	9764	2101	78,731	ˆ063	23,0909	8215
	20	9748	2131	79,124	ˆ079	23,3963	8372
	30	9733	2162	79,518	ˆ094	23,7017	8529
	40	9717	2193	79,912	ˆ109	24,0073	8685
	50	9702	2224	80,306	ˆ124	24,3128	8842
58	0	9686	2254	80,700	ˆ139	24,6184	8999
	10	9671	2285	81,093	ˆ155	24,9241	9156
	20	9656	2316	81,487	ˆ170	25,2298	9313
	30	9640	2347	81,881	ˆ185	25,5355	9470
	40	9625	2377	82,275	ˆ200	25,8413	9627
	50	9609	2408	82,670	ˆ215	26,1472	9783
59	0	9594	2439	83,064	ˆ231	26,4530	9941
	10	9578	2470	83,458	ˆ246	26,7590	ˆ0098
	20	9563	2501	83,852	ˆ261	27,0650	ˆ0255
	30	9547	2531	84,246	ˆ276	27,3710	ˆ0412
	40	9532	2562	84,641	ˆ291	27,6771	ˆ0569
	50	9516	2593	85,035	ˆ307	27,9833	ˆ0726
60	0	9501	2624	85,429	ˆ322	28,2894	ˆ0883
		+3235,	-31,	+39	ˆ+102,	+51	ˆ+99,
'	"	15	31	394	15	3061	157

51°

'	"	b_1 (16)	b_2 (30)	a_1 (395)	a_2 (15)	l_1 (3063)	l_2 (158)
		+3235,	-31,	+39	+102,	+51	+99,
0	0	9501	2624	85,429	322	28,2894	0883
	10	9485	2654	85,824	337	28,5957	1041
	20	9470	2685	86,218	352	28,9020	1198
	30	9454	2716	86,613	368	29,2083	1355
	40	9439	2747	87,008	383	29,5147	1513
	50	9423	2778	87,402	398	29,8211	1670
1	0	9408	2808	87,797	413	30,1276	1827
	10	9393	2839	88,192	429	30,4341	1985
	20	9377	2870	88,586	444	30,7407	2142
	30	9362	2901	88,981	459	31,0473	2300
	40	9346	2932	89,376	474	31,3540	2457
	50	9331	2963	89,771	490	31,6607	2615
2	0	9315	2993	90,166	505	31,9675	2772
	10	9300	3024	90,561	520	32,2743	2930
	20	9284	3055	90,956	535	32,5812	3088
	30	9269	3086	91,351	551	32,8881	3246
	40	9253	3117	91,746	566	33,1951	3403
	50	9238	3148	92,142	581	33,5021	3561
3	0	9222	3178	92,537	596	33,8091	3719
	10	9207	3209	92,932	612	34,1163	3877
	20	9191	3240	93,328	627	34,4234	4035
	30	9176	3271	93,723	642	34,7306	4192
	40	9161	3302	94,118	658	35,0379	4350
	50	9145	3333	94,514	673	35,3452	4408
4	0	9130	3364	94,910	688	35,6526	4666
	10	9114	3395	95,305	704	35,9600	4824
	20	9099	3425	95,701	719	36,2674	4983
	30	9083	3456	96,096	734	36,5749	5141
	40	9068	3487	96,492	750	36,8825	5299
	50	9052	3518	96,888	765	37,1901	5457
5	0	9037	3549	97,284	780	37,4977	5615
	10	9021	3580	97,680	795	37,8054	5773
	20	9006	3611	98,076	811	38,1132	5932
	30	8990	3642	98,472	826	38,4210	6090
	40	8975	3673	98,868	841	38,7288	6248
	50	8960	3704	99,264	857	39,0367	6407
6	0	8944	3734	99,660	872	39,3447	6565
	10	8929	3765	ˆ00,056	888	39,6527	6724
	20	8913	3796	ˆ00,452	903	39,9607	6882
	30	8898	3827	ˆ00,848	918	40,2688	7040
	40	8882	3858	ˆ01,245	934	40,5770	7199
	50	8867	3889	ˆ01,641	949	40,8852	7358
7	0	8851	3920	ˆ02,038	964	41,1934	7516
	10	8836	3951	ˆ02,434	980	41,5017	7675
	20	8820	3982	ˆ02,830	995	41,8100	7834
	30	8805	4013	ˆ03,227	ˆ010	42,1184	7992
	40	8790	4044	ˆ03,624	ˆ026	42,4269	8151
	50	8774	4075	ˆ04,020	ˆ041	42,7354	8310
8	0	8759	4106	ˆ04,417	ˆ057	43,0439	8469
	10	8743	4137	ˆ04,814	ˆ072	43,3525	8627
	20	8728	4168	ˆ05,210	ˆ087	43,6611	8786
	30	8712	4199	ˆ05,607	ˆ103	43,9698	8945
	40	8697	4230	ˆ06,004	ˆ118	44,2785	9104
	50	8681	4261	ˆ06,401	ˆ134	44,5873	9263
9	0	8666	4292	ˆ06,798	ˆ149	44,8962	9422
	10	8650	4323	ˆ07,195	ˆ164	45,2050	9581
	20	8635	4354	ˆ07,592	ˆ180	45,5140	9740
	30	8620	4385	ˆ07,989	ˆ195	45,8229	9899
	40	8604	4416	ˆ08,386	ˆ211	46,1320	ˆ0058
	50	8589	4447	ˆ08,784	ˆ226	46,4411	ˆ0218
10	0	8573	4478	ˆ09,181	ˆ241	46,7502	ˆ0377
		+3235,	-31,	ˆ+40	ˆ+103,	+51	ˆ+100,
'	"	16	31	397	15	3091	159

51°

'	"	b_1 (15)	b_2 (31)	a_1 (397)	a_2 (16)	l_1 (3092)	l_2 (159)
		+3235,	-31,	+40	+103,	+51	+100,
10	0	8573	4478	09,181	241	46,7502	0377
	10	8558	4509	09,578	257	47,0594	0536
	20	8542	4540	09,976	272	47,3686	0695
	30	8527	4571	10,373	288	47,6779	0855
	40	8511	4602	10,770	303	47,9872	1014
	50	8496	4633	11,168	319	48,2966	1173
11	0	8481	4664	11,566	334	48,6060	1333
	10	8465	4695	11,963	350	48,9155	1492
	20	8450	4726	12,361	365	49,2250	1652
	30	8434	4757	12,758	380	49,5346	1811
	40	8419	4788	13,156	396	49,8442	1971
	50	8403	4819	13,554	411	50,1539	2130
12	0	8388	4850	13,952	427	50,4636	2290
	10	8372	4881	14,350	442	50,7734	2450
	20	8357	4912	14,748	458	51,0832	2609
	30	8342	4943	15,146	473	51,3930	2769
	40	8326	4974	15,544	489	51,7030	2929
	50	8311	5005	15,942	504	52,0129	3088
13	0	8295	5037	16,340	520	52,3230	3248
	10	8280	5068	16,738	535	52,6330	3408
	20	8264	5099	17,136	551	52,9431	3568
	30	8249	5130	17,535	566	53,2533	3728
	40	8233	5161	17,933	582	53,5635	3888
	50	8218	5192	18,331	597	53,8738	4048
14	0	8203	5223	18,730	613	54,1841	4208
	10	8187	5254	19,128	628	54,4945	4368
	20	8172	5285	19,527	644	54,8049	4528
	30	8156	5316	19,925	659	55,1154	4688
	40	8141	5348	20,324	675	55,4259	4848
	50	8125	5379	20,722	690	55,7364	5008
15	0	8110	5410	21,121	706	56,0470	5169
	10	8094	5441	21,520	721	56,3577	5329
	20	8079	5472	21,919	737	56,6684	5489
	30	8064	5503	22,317	752	56,9792	5649
	40	8048	5534	22,716	768	57,2900	5810
	50	8033	5565	23,115	784	57,6009	5970
16	0	8017	5597	23,514	799	57,9118	6131
	10	8002	5628	23,913	815	58,2227	6291
	20	7986	5659	24,312	830	58,5337	6451
	30	7971	5690	24,712	846	58,8448	6612
	40	7955	5721	25,111	861	59,1559	6773
	50	7940	5752	25,510	877	59,4671	6933
17	0	7925	5784	25,909	892	59,7783	7094
	10	7909	5815	26,309	908	60,0896	7254
	20	7894	5846	26,708	924	60,4009	7415
	30	7878	5877	27,107	939	60,7122	7576
	40	7863	5908	27,507	955	61,0236	7737
	50	7847	5939	27,906	970	61,3351	7897
18	0	7832	5971	28,306	986	61,6466	8058
	10	7817	6002	28,706	ˆ002	61,9582	8219
	20	7801	6033	29,105	ˆ017	62,2698	8380
	30	7786	6064	29,505	ˆ033	62,5814	8541
	40	7770	6095	29,905	ˆ048	62,8931	8702
	50	7755	6127	30,305	ˆ064	63,2049	8863
19	0	7739	6158	30,704	ˆ080	63,5167	9024
	10	7724	6189	31,104	ˆ095	63,8286	9185
	20	7709	6220	31,504	ˆ111	64,1405	9346
	30	7693	6252	31,904	ˆ126	64,4524	9507
	40	7678	6283	32,304	ˆ142	64,7644	9668
	50	7662	6314	32,704	ˆ158	65,0765	9829
20	0	7647	6345	33,105	ˆ173	65,3886	9991
		+3235,	-31,	+40	ˆ+104,	+51	+100,
'	"	15	31	401	15	3121	162

51°

'	"	16	31	400	16	3122	161
		b_1	b_2	a_1	a_2	l_1	l_2
		+3235,	-31,	+40	+104,	+51	^+100,
20	0	7647	6345	33,105	173	65,3886	^9991
	10	7631	6376	33,505	189	65,7008	0152
	20	7616	6408	33,905	205	66,0130	0313
	30	7601	6439	34,305	220	66,3252	0475
	40	7585	6470	34,706	236	66,6375	0636
	50	7570	6501	35,106	252	66,9499	0797
21	0	7554	6533	35,506	267	67,2623	0959
	10	7539	6564	35,907	283	67,5748	1120
	20	7523	6595	36,308	298	67,8873	1282
	30	7508	6627	36,708	314	68,1998	1443
	40	7493	6658	37,109	330	68,5124	1605
	50	7477	6689	37,509	345	68,8251	1766
22	0	7462	6720	37,910	361	69,1378	1928
	10	7446	6752	38,311	377	69,4506	2090
	20	7431	6783	38,712	392	69,7634	2251
	30	7415	6814	39,113	408	70,0762	2413
	40	7400	6846	39,514	424	70,3892	2575
	50	7385	6877	39,915	440	70,7021	2737
23	0	7369	6908	40,316	455	71,0151	2899
	10	7354	6939	40,717	471	71,3282	3060
	20	7338	6971	41,118	487	71,6413	3222
	30	7323	7002	41,519	502	71,9545	3384
	40	7307	7033	41,920	518	72,2677	3546
	50	7292	7065	42,321	534	72,5809	3708
24	0	7277	7096	42,723	549	72,8942	3870
	10	7261	7127	43,124	565	73,2076	4032
	20	7246	7159	43,526	581	73,5210	4195
	30	7230	7190	43,927	597	73,8345	4357
	40	7215	7221	44,328	612	74,1480	4519
	50	7199	7253	44,730	628	74,4615	4681
25	0	7184	7284	45,132	644	74,7752	4843
	10	7169	7315	45,533	660	75,0888	5006
	20	7153	7347	45,935	675	75,4025	5168
	30	7138	7378	46,337	691	75,7163	5330
	40	7122	7409	46,739	707	76,0301	5493
	50	7107	7441	47,140	723	76,3440	5655
26	0	7092	7472	47,542	738	76,6579	5818
	10	7076	7504	47,944	754	76,9719	5980
	20	7061	7535	48,346	770	77,2859	6143
	30	7045	7566	48,748	786	77,5999	6305
	40	7030	7598	49,150	801	77,9140	6468
	50	7014	7629	49,553	817	78,2282	6630
27	0	6999	7661	49,955	833	78,5424	6793
	10	6984	7692	50,357	849	78,8567	6956
	20	6968	7723	50,759	865	79,1710	7119
	30	6953	7755	51,162	880	79,4854	7281
	40	6937	7786	51,564	896	79,7998	7444
	50	6922	7818	51,966	912	80,1143	7607
28	0	6907	7849	52,369	928	80,4288	7770
	10	6891	7880	52,772	943	80,7434	7933
	20	6876	7912	53,174	959	81,0580	8096
	30	6860	7943	53,577	975	81,3727	8259
	40	6845	7975	53,979	.991	81,6874	8422
	50	6830	8006	54,382	^007	82,0021	8585
29	0	6814	8038	54,785	^023	82,3170	8748
	10	6799	8069	55,188	^038	82,6318	8911
	20	6783	8100	55,591	^054	82,9468	9074
	30	6768	8132	55,994	^070	83,2617	9237
	40	6752	8163	56,397	^086	83,5768	9400
	50	6737	8195	56,800	^102	83,8918	9564
30	0	6722	8226	57,203	^118	84,2070	9727
		+3235,	-31,	+40	^+105,	+51	+101,
'	"	15	31	403	16	3152	163

51°

'	"	16	32	403	15	3151	163
		b_1	b_2	a_1	a_2	l_1	l_2
		+3235,	-31,	+40	+105,	+51	^+101,
30	0	6722	8226	57,203	118	84,2070	^9727
	10	6706	8258	57,606	133	84,5221	^9890
	20	6691	8289	58,009	149	84,8374	0054
	30	6675	8321	58,412	165	85,1527	0217
	40	6660	8352	58,815	181	85,4680	0380
	50	6645	8384	59,219	197	85,7834	0544
31	0	6629	8415	59,622	213	86,0988	0707
	10	6614	8447	60,026	229	86,4143	0871
	20	6598	8478	60,429	244	86,7298	1035
	30	6583	8510	60,833	260	87,0454	1198
	40	6568	8541	61,236	276	87,3610	1362
	50	6552	8573	61,640	292	87,6767	1525
32	0	6537	8604	62,043	308	87,9924	1689
	10	6521	8636	62,447	324	88,3082	1853
	20	6506	8667	62,851	340	88,6241	2017
	30	6491	8699	63,255	356	88,9399	2180
	40	6475	8730	63,659	371	89,2559	2344
	50	6460	8762	64,062	387	89,5719	2508
33	0	6444	8793	64,466	403	89,8879	2672
	10	6429	8825	64,870	419	90,2040	2836
	20	6414	8856	65,275	435	90,5201	3000
	30	6398	8888	65,679	451	90,8363	3164
	40	6383	8919	66,083	467	91,1526	3328
	50	6367	8951	66,487	483	91,4689	3492
34	0	6352	8983	66,891	499	91,7852	3656
	10	6337	9014	67,296	515	92,1016	3820
	20	6321	9046	67,700	531	92,4181	3985
	30	6306	9077	68,104	547	92,7345	4149
	40	6290	9109	68,509	562	93,0511	4313
	50	6275	9140	68,913	578	93,3677	4477
35	0	6260	9172	69,318	594	93,6843	4642
	10	6244	9204	69,722	610	94,0010	4806
	20	6229	9235	70,127	626	94,3178	4970
	30	6213	9267	70,532	642	94,6346	5135
	40	6198	9298	70,937	658	94,9515	5299
	50	6183	9330	71,341	674	95,2684	5464
36	0	6167	9362	71,746	690	95,5853	5628
	10	6152	9393	72,151	706	95,9023	5793
	20	6136	9425	72,556	722	96,2194	5958
	30	6121	9456	72,961	738	96,5365	6122
	40	6106	9488	73,366	754	96,8536	6287
	50	6090	9520	73,771	770	97,1709	6452
37	0	6075	9551	74,176	786	97,4881	6616
	10	6059	9583	74,582	802	97,8054	6781
	20	6044	9615	74,987	818	98,1228	6946
	30	6029	9646	75,392	834	98,4402	7111
	40	6013	9678	75,797	850	98,7577	7276
	50	5998	9709	76,203	866	99,0752	7441
38	0	5982	9741	76,608	882	99,3928	7606
	10	5967	9773	77,014	898	.99,7104	7771
	20	5952	9804	77,419	914	^00,0280	7936
	30	5936	9836	77,825	930	^00,3458	8101
	40	5921	9868	78,231	946	^00,6635	8266
	50	5905	9899	78,636	962	^00,9814	8431
39	0	5890	9931	79,042	978	^01,2992	8596
	10	5875	9963	79,448	.994	^01,6172	8761
	20	5859	.9994	79,854	^010	^01,9351	8927
	30	5844	^0026	80,260	^026	^02,2532	9092
	40	5828	^0058	80,665	^042	^02,5713	9257
	50	5813	^0089	81,071	^058	^02,8894	9423
40	0	5798	^0121	81,478	^074	^03,2076	9588
		+3235,	^-32,	+40	^+106,	^+52	+102,
'	"	15	32	407	16	3182	165

51°

'	"	16	32	406	16	3182	165
		b_1	b_2	a_1	a_2	l_1	l_2
		+3235,	-32,	+40	+106,	+52	^+102,
40	0	5798	0121	81,478	074	03,2076	^9588
	10	5782	0153	81,884	090	03,5258	^9753
	20	5767	0185	82,290	107	03,8441	^9919
	30	5752	0216	82,696	123	04,1624	0084
	40	5736	0248	83,102	139	04,4808	0250
	50	5721	0280	83,508	155	04,7992	0415
41	0	5705	0311	83,915	171	05,1177	0581
	10	5690	0343	84,321	187	05,4363	0747
	20	5675	0375	84,728	203	05,7549	0912
	30	5659	0407	85,134	219	06,0735	1078
	40	5644	0438	85,541	235	06,3922	1244
	50	5628	0470	85,947	251	06,7110	1409
42	0	5613	0502	86,354	267	07,0298	1575
	10	5598	0534	86,761	283	07,3486	1741
	20	5582	0565	87,167	299	07,6675	1907
	30	5567	0597	87,574	316	07,9865	2073
	40	5552	0629	87,981	332	08,3055	2239
	50	5536	0661	88,388	348	08,6245	2405
43	0	5521	0692	88,795	364	08,9436	2571
	10	5505	0724	89,202	380	09,2628	2737
	20	5490	0756	89,609	396	09,5820	2903
	30	5475	0788	90,016	412	09,9013	3069
	40	5459	0819	90,423	428	10,2206	3235
	50	5444	0851	90,830	445	10,5399	3401
44	0	5428	0883	91,237	461	10,8594	3568
	10	5413	0915	91,645	477	11,1788	3734
	20	5398	0947	92,052	493	11,4983	3900
	30	5382	0978	92,460	509	11,8179	4067
	40	5367	1010	92,867	525	12,1375	4233
	50	5352	1042	93,274	541	12,4572	4399
45	0	5336	1074	93,682	558	12,7769	4566
	10	5321	1106	94,090	574	13,0967	4732
	20	5305	1137	94,497	590	13,4165	4899
	30	5290	1169	94,905	606	13,7364	5065
	40	5275	1201	95,313	622	14,0563	5232
	50	5259	1233	95,720	638	14,3763	5399
46	0	5244	1265	96,128	655	14,6964	5565
	10	5229	1297	96,536	671	15,0165	5732
	20	5213	1328	96,944	687	15,3366	5899
	30	5198	1360	97,352	703	15,6568	6065
	40	5182	1392	97,760	719	15,9770	6232
	50	5167	1424	98,168	736	16,2973	6399
47	0	5152	1456	98,576	752	16,6177	6566
	10	5136	1488	98,985	768	16,9381	6733
	20	5121	1520	99,393	784	17,2585	6900
	30	5106	1551	‸99,801	800	17,5790	7067
	40	5090	1583	^00,209	817	17,8996	7234
	50	5075	1615	^00,618	833	18,2202	7401
48	0	5059	1647	^01,026	849	18,5408	7568
	10	5044	1679	^01,435	865	18,8615	7735
	20	5029	1711	^01,843	882	19,1823	7902
	30	5013	1743	^02,252	898	19,5031	8069
	40	4998	1775	^02,661	914	19,8240	8237
	50	4983	1807	^03,069	930	20,1449	8404
49	0	4967	1838	^03,478	947	20,4658	8571
	10	4952	1870	^03,887	963	20,7869	8738
	20	4937	1902	^04,296	979	21,1079	8906
	30	4921	1934	^04,705	‸995	21,4291	9073
	40	4906	1966	^05,113	^012	21,7502	9241
	50	4890	1998	^05,522	^028	22,0715	9408
50	0	4875	2030	^05,932	^044	22,3927	9576
		+3235,	-32,	^+41	^+107,	+52	+103,
'	"	15	32	410	16	3212	168

51°

'	"	15	32	409	16	3214	167
		b_1	b_2	a_1	a_2	l_1	l_2
		+3235,	-32,	+41	+107,	+52	^+103,
50	0	4875	2030	05,932	044	22,3927	^9576
	10	4860	2062	06,341	060	22,7141	^9743
	20	4844	2094	06,750	077	23,0354	^9911
	30	4829	2126	07,159	093	23,3569	0078
	40	4814	2158	07,568	109	23,6784	0246
	50	4798	2190	07,978	125	23,9999	0414
51	0	4783	2222	08,387	142	24,3215	0581
	10	4767	2254	08,796	158	24,6431	0749
	20	4752	2286	09,206	174	24,9648	0917
	30	4737	2318	09,615	191	25,2866	1085
	40	4721	2349	10,025	207	25,6084	1253
	50	4706	2381	10,434	223	25,9302	1421
52	0	4691	2413	10,844	240	26,2521	1589
	10	4675	2445	11,254	256	26,5741	1757
	20	4660	2477	11,663	272	26,8961	1925
	30	4645	2509	12,073	289	27,2181	2093
	40	4629	2541	12,483	305	27,5403	2261
	50	4614	2573	12,893	321	27,8624	2429
53	0	4598	2605	13,303	338	28,1846	2597
	10	4583	2637	13,713	354	28,5069	2765
	20	4568	2669	14,123	370	28,8292	2933
	30	4552	2701	14,533	387	29,1516	3102
	40	4537	2733	14,943	403	29,4740	3270
	50	4522	2765	15,354	419	29,7965	3438
54	0	4506	2797	15,764	436	30,1190	3607
	10	4491	2829	16,174	452	30,4416	3775
	20	4476	2862	16,584	468	30,7642	3944
	30	4460	2894	16,995	485	31,0869	4112
	40	4445	2926	17,405	501	31,4097	4281
	50	4430	2958	17,816	517	31,7324	4449
55	0	4414	2990	18,226	534	32,0553	4618
	10	4399	3022	18,637	550	32,3782	4786
	20	4383	3054	19,048	567	32,7011	4955
	30	4368	3086	19,458	583	33,0241	5124
	40	4353	3118	19,869	599	33,3472	5293
	50	4337	3150	20,280	616	33,6703	5461
56	0	4322	3182	20,691	632	33,9934	5630
	10	4307	3214	21,102	649	34,3166	5799
	20	4291	3246	21,513	665	34,6399	5968
	30	4276	3278	21,924	681	34,9632	6137
	40	4261	3310	22,335	698	35,2866	6306
	50	4245	3342	22,746	714	35,6100	6475
57	0	4230	3375	23,157	731	35,9335	6644
	10	4215	3407	23,568	747	36,2570	6813
	20	4199	3439	23,980	764	36,5805	6982
	30	4184	3471	24,391	780	36,9042	7151
	40	4169	3503	24,802	796	37,2279	7320
	50	4153	3535	25,214	813	37,5516	7489
58	0	4138	3567	25,625	829	37,8754	7659
	10	4123	3599	26,037	846	38,1992	7828
	20	4107	3631	26,448	862	38,5231	7997
	30	4092	3664	26,860	879	38,8470	8167
	40	4076	3696	27,272	895	39,1710	8336
	50	4061	3728	27,684	912	39,4951	8505
59	0	4046	3760	28,095	928	39,8192	8675
	10	4030	3792	28,507	944	40,1433	8844
	20	4015	3824	28,919	961	40,4675	9014
	30	4000	3856	29,331	977	40,7918	9184
	40	3984	3889	29,743	‸994	41,1161	9353
	50	3969	3921	30,155	^010	41,4405	9523
60	0	3954	3953	30,567	^027	41,7649	9692
		+3235,	-32,	+41	^+108,	+52	+104,
'	"	15	32	412	17	3244	169

52°

'	"	b1	b2	a1	a2	l1	l2
		16	32	412	16	3244	170
		+3235,	-32,	+41	+108,	· +52	^+104,
0	0	3954	3953	30,567	027	41,7649	^9692
	10	3938	3985	30,979	043	42,0893	^9862
	20	3923	4017	31,391	060	42,4139	0032
	30	3908	4049	31,804	076	42,7384	0202
	40	3892	4082	32,216	093	43,0630	0372
	50	3877	4114	32,628	109	43,3877	0541
1	0	3862	4146	33,041	126	43,7125	0711
	10	3846	4178	33,453	142	44,0372	0881
	20	3831	4210	33,866	159	44,3621	1051
	30	3816	4243	34,278	175	44,6870	1221
	40	3800	4275	34,691	192	45,0119	1391
	50	3785	4307	35,103	208	45,3369	1561
2	0	3770	4339	35,516	225	45,6619	1732
	10	3754	4371	35,929	242	45,9870	1902
	20	3739	4404	36,342	258	46,3122	2072
	30	3724	4436	36,755	275	46,6374	2242
	40	3708	4468	37,168	291	46,9627	2412
	50	3693	4500	37,581	308	47,2880	2583
3	0	3678	4533	37,994	324	47,6133	2753
	10	3662	4565	38,407	341	47,9387	2923
	20	3647	4597	38,820	357	48,2642	3094
	30	3632	4629	39,233	374	48,5897	3264
	40	3616	4662	39,646	391	48,9153	3435
	50	3601	4694	40,059	407	49,2409	3605
4	0	3586	4726	40,473	424	49,5666	3776
	10	3570	4758	40,886	440	49,8923	3946
	20	3555	4791	41,299	457	50,2181	4117
	30	3540	4823	41,713	473	50,5440	4288
	40	3524	4855	42,126	490	50,8699	4458
	50	3509	4887	42,540	507	51,1958	4629
5	0	3494	4920	42,954	523	51,5218	4800
	10	3478	4952	43,367	540	51,8478	4971
	20	3463	4984	43,781	556	52,1740	5142
	30	3448	5017	44,195	573	52,5001	5313
	40	3432	5049	44,609	590	52,8263	5483
	50	3417	5081	45,023	606	53,1526	5654
6	0	3402	5114	45,437	623	53,4789	5825
	10	3386	5146	45,851	640	53,8053	5997
	20	3371	5178	46,265	656	54,1317	6168
	30	3356	5211	46,679	673	54,4582	6339
	40	3340	5243	47,093	689	54,7847	6510
	50	3325	5275	47,507	706	55,1113	6681
7	0	3310	5308	47,921	723	55,4379	6852
	10	3294	5340	48,336	739	55,7646	7024
	20	3279	5372	48,750	756	56,0913	7195
	30	3264	5405	49,164	773	56,4181	7366
	40	3248	5437	49,579	789	56,7450	7538
	50	3233	5469	49,993	806	57,0719	7709
8	0	3218	5502	50,408	823	57,3988	7880
	10	3202	5534	50,823	839	57,7258	8052
	20	3187	5566	51,237	856	58,0529	8223
	30	3172	5599	51,652	873	58,3800	8395
	40	3156	5631	52,067	889	58,7071	8567
	50	3141	5663	52,481	906	59,0344	8738
9	0	3126	5696	52,896	923	59,3616	8910
	10	3110	5728	53,311	939	59,6890	9082
	20	3095	5761	53,726	956	60,0163	9253
	30	3080	5793	54,141	973	60,3438	9425
	40	3064	5825	54,556	990	60,6713	9597
	50	3049	5858	54,971	^006	60,9988	9769
10	0	3034	5890	55,387	^023	61,3264	9941
		+3235,	-32,	+41	^+109,	+52	+105,
'	"	15	32	416	17	3276	172

52°

'	"	b1	b2	a1	a2	l1	l2
		16	33	415	17	3276	172
		+3235,	-32,	+41	+109,	+52	+10
10	0	3034	5890	55,387	023	61,3264	5,9941
	10	3018	5923	55,802	040	61,6540	6,0113
	20	3003	5955	56,217	056	61,9817	6,0285
	30	2988	5987	56,633	073	62,3095	6,0457
	40	2972	6020	57,048	090	62,6373	6,0629
	50	2957	6052	57,463	107	62,9651	6,0801
11	0	2942	6085	57,879	123	63,2930	6,0973
	10	2926	6117	58,294	140	63,6210	6,1145
	20	2911	6150	58,710	157	63,9490	6,1317
	30	2896	6182	59,126	174	64,2771	6,1489
	40	2881	6215	59,541	190	64,6052	6,1662
	50	2865	6247	59,957	207	64,9334	6,1834
12	0	2850	6279	60,373	224	65,2616	6,2006
	10	2835	6312	60,789	241	65,5899	6,2179
	20	2819	6344	61,205	257	65,9182	6,2351
	30	2804	6377	61,621	274	66,2466	6,2524
	40	2789	6409	62,037	291	66,5751	6,2696
	50	2773	6442	62,453	308	66,9036	6,2869
13	0	2758	6474	62,869	324	67,2321	6,3041
	10	2743	6507	63,285	341	67,5607	6,3214
	20	2727	6539	63,701	358	67,8894	6,3386
	30	2712	6572	64,117	375	68,2181	6,3559
	40	2697	6604	64,534	392	68,5469	6,3732
	50	2681	6637	64,950	408	68,8757	6,3904
14	0	2666	6669	65,367	425	69,2046	6,4077
	10	2651	6702	65,783	442	69,5335	6,4250
	20	2635	6734	66,200	459	69,8625	6,4423
	30	2620	6767	66,616	476	70,1915	6,4596
	40	2605	6799	67,033	492	70,5206	6,4769
	50	2590	6832	67,449	509	70,8497	6,4942
15	0	2574	6864	67,866	526	71,1789	6,5115
	10	2559	6897	68,283	543	71,5082	6,5288
	20	2544	6929	68,700	560	71,8375	6,5461
	30	2528	6962	69,117	577	72,1668	6,5634
	40	2513	6994	69,534	593	72,4962	6,5807
	50	2498	7027	69,951	610	72,8257	6,5980
16	0	2482	7060	70,368	627	73,1552	6,6154
	10	2467	7092	70,785	644	73,4848	6,6327
	20	2452	7125	71,202	661	73,8144	6,6500
	30	2436	7157	71,619	678	74,1441	6,6674
	40	2421	7190	72,036	695	74,4738	6,6847
	50	2406	7222	72,454	711	74,8036	6,7020
17	0	2391	7255	72,871	728	75,1334	6,7194
	10	2375	7288	73,289	745	75,4633	6,7367
	20	2360	7320	73,706	762	75,7933	6,7541
	30	2345	7353	74,124	779	76,1233	6,7714
	40	2329	7385	74,541	796	76,4533	6,7888
	50	2314	7418	74,959	813	76,7834	6,8062
18	0	2299	7450	75,376	830	77,1136	6,8235
	10	2283	7483	75,794	846	77,4438	6,8409
	20	2268	7516	76,212	863	77,7741	6,8583
	30	2253	7548	76,630	880	78,1044	6,8757
	40	2237	7581	77,048	897	78,4348	6,8930
	50	2222	7614	77,466	914	78,7652	6,9104
19	0	2207	7646	77,884	931	79,0957	6,9278
	10	2192	7679	78,302	948	79,4262	6,9452
	20	2176	7711	78,720	965	79,7568	6,9626
	30	2161	7744	79,138	982	80,0875	6,9800
	40	2146	7777	79,556	999	80,4182	6,9974
	50	2130	7809	79,974	^016	80,7489	7,0148
20	0	2115	7842	80,393	^033	81,0797	7,0323
		+3235,	-32,	+41	^+110,	+52	+10
'	"	15	33	419	17	3308	175

52°

'	"	15	33	418	17	3309	174
		b_1	b_2	a_1	a_2	l_1	l_2
		+3235,	-32,	+41	+110,	+52	+107,
20	0	2115	7842	80,393	033	81,0797	0323
	10	2100	7875	80,811	050	81,4106	0497
	20	2084	7907	81,230	066	81,7415	0671
	30	2069	7940	81,648	083	82,0725	0845
	40	2054	7973	82,066	100	82,4035	1019
	50	2039	8005	82,485	117	82,7346	1194
21	0	2023	8038	82,904	134	83,0657	1368
	10	2008	8071	83,322	151	83,3969	1543
	20	1993	8103	83,741	168	83,7282	1717
	30	1977	8136	84,160	185	84,0595	1892
	40	1962	8169	84,579	202	84,3908	2066
	50	1947	8201	84,998	219	84,7222	2241
22	0	1932	8234	85,417	236	85,0537	2415
	10	1916	8267	85,836	253	85,3852	2590
	20	1901	8300	86,255	270	85,7167	2764
	30	1886	8332	86,674	287	86,0484	2939
	40	1870	8365	87,093	304	86,3800	3114
	50	1855	8398	87,512	321	86,7118	3289
23	0	1840	8430	87,931	338	87,0435	3464
	10	1824	8463	88,351	355	87,3754	3638
	20	1809	8496	88,770	372	87,7073	3813
	30	1794	8529	89,189	389	88,0392	3988
	40	1779	8561	89,609	406	88,3712	4163
	50	1763	8594	90,028	423	88,7033	4338
24	0	1748	8627	90,448	440	89,0354	4513
	10	1733	8660	90,868	457	89,3675	4688
	20	1717	8692	91,287	474	89,6998	4863
	30	1702	8725	91,707	491	90,0320	5039
	40	1687	8758	92,127	508	90,3643	5214
	50	1672	8791	92,547	525	90,6967	5389
25	0	1656	8823	92,967	543	91,0292	5564
	10	1641	8856	93,386	560	91,3616	5740
	20	1626	8889	93,806	577	91,6942	5915
	30	1610	8922	94,226	594	92,0268	6090
	40	1595	8955	94,647	611	92,3594	6266
	50	1580	8987	95,067	628	92,6921	6441
26	0	1565	9020	95,487	645	93,0249	6617
	10	1549	9053	95,907	662	93,3577	6792
	20	1534	9086	96,328	679	93,6906	6968
	30	1519	9119	96,748	696	94,0235	7144
	40	1503	9151	97,168	713	94,3565	7319
	50	1488	9184	97,589	730	94,6895	7495
27	0	1473	9217	98,009	747	95,0226	7671
	10	1458	9250	98,430	765	95,3557	7846
	20	1442	9283	98,851	782	95,6889	8022
	30	1427	9316	99,271	799	96,0222	8198
	40	1412	9348	99,692	816	96,3555	8374
	50	1396	9381	^00,113	833	96,6888	8550
28	0	1381	9414	^00,534	850	97,0223	8726
	10	1366	9447	^00,954	867	97,3557	8902
	20	1351	9480	^01,375	884	97,6892	9078
	30	1335	9513	^01,796	902	98,0228	9254
	40	1320	9546	^02,217	919	98,3565	9430
	50	1305	9578	^02,639	936	98,6901	9606
29	0	1290	9611	^03,060	953	99,0239	9783
	10	1274	9644	^03,481	970	99,3577	9959
	20	1259	9677	^03,902	987	99,6915	^0135
	30	1244	9710	^04,324	^004	^00,0254	^0311
	40	1228	9743	^04,745	^022	^00,3594	^0488
	50	1213	9776	^05,166	^039	^00,6934	^0664
30	0	1198	9809	^05,588	^056	^01,0275	^0841
		+3235,	-32,	^+42	^+111,	^+53	^+108,
'	"	15	33	422	17	3341	177

52°

'	"	15	32	421	17	3341	176
		b_1	b_2	a_1	a_2	l_1	l_2
		+3235,	^-32,	+42	+111,	+53	+108,
30	0	1198	^9809	05,588	056	01,0275	0841
	10	1183	^9841	06,009	073	01,3616	1017
	20	1167	^9874	06,431	090	01,6958	1194
	30	1152	^9907	06,853	107	02,0300	1370
	40	1137	^9940	07,274	125	02,3643	1547
	50	1121	^9973	07,696	142	02,6986	1723
31	0	1106	0006	08,118	159	03,0330	1900
	10	1091	0039	08,540	176	03,3675	2077
	20	1076	0072	08,962	193	03,7020	2253
	30	1060	0105	09,384	211	04,0366	2430
	40	1045	0138	09,806	228	04,3712	2607
	50	1030	0171	10,228	245	04,7058	2784
32	0	1015	0204	10,650	262	05,0406	2961
	10	0999	0237	11,072	280	05,3754	3138
	20	0984	0270	11,494	297	05,7102	3315
	30	0969	0303	11,916	314	06,0451	3492
	40	0954	0336	12,339	331	06,3800	3669
	50	0938	0368	12,761	348	06,7150	3846
33	0	0923	0401	13,184	366	07,0501	4023
	10	0908	0434	13,606	383	07,3852	4200
	20	0892	0467	14,029	400	07,7204	4377
	30	0877	0500	14,451	417	08,0556	4554
	40	0862	0533	14,874	435	08,3908	4732
	50	0847	0566	15,297	452	08,7262	4909
34	0	0831	0599	15,719	469	09,0616	5086
	10	0816	0632	16,142	486	09,3970	5264
	20	0801	0665	16,565	504	09,7325	5441
	30	0786	0698	16,988	521	10,0680	5619
	40	0770	0731	17,411	538	10,4037	5796
	50	0755	0764	17,834	556	10,7393	5974
35	0	0740	0797	18,257	573	11,0750	6151
	10	0725	0830	18,680	590	11,4108	6329
	20	0709	0863	19,103	607	11,7466	6507
	30	0694	0897	19,527	625	12,0825	6684
	40	0679	0930	19,950	642	12,4184	6862
	50	0663	0963	20,373	659	12,7544	7040
36	0	0648	0996	20,797	677	13,0905	7218
	10	0633	1029	21,220	694	13,4266	7396
	20	0618	1062	21,644	711	13,7627	7573
	30	0602	1095	22,067	729	14,0989	7751
	40	0587	1128	22,491	746	14,4352	7929
	50	0572	1161	22,915	763	14,7715	8107
37	0	0557	1194	23,338	781	15,1079	8285
	10	0541	1227	23,762	798	15,4443	8464
	20	0526	1260	24,186	815	15,7808	8642
	30	0511	1293	24,610	833	16,1174	8820
	40	0496	1326	25,034	850	16,4540	8998
	50	0480	1359	25,458	867	16,7906	9176
38	0	0465	1393	25,882	885	17,1273	9355
	10	0450	1426	26,306	902	17,4641	9533
	20	0435	1459	26,730	919	17,8009	9711
	30	0419	1492	27,154	937	18,1378	9890
	40	0404	1525	27,579	954	18,4747	^0068
	50	0389	1558	28,003	972	18,8117	^0247
39	0	0374	1591	28,427	989	19,1487	^0425
	10	0358	1624	28,852	^006	19,4858	^0604
	20	0343	1657	29,276	^024	19,8230	^0782
	30	0328	1691	29,701	^041	20,1602	^0961
	40	0313	1724	30,125	^059	20,4974	^1140
	50	0297	1757	30,550	^076	20,8348	^1318
40	0	0282	1790	30,975	^093	21,1721	^1497
		+3235,	-33,	+42	^+112,	+53	^+109,
'	"	15	33	425	17	3373	179

52°

'	"	15	33	424	18	3375	179
		b_1	b_2	a_1	a_2	l_1	l_2
		^+3235,	-33,	+42	+112,	+53	+109,
40	0	^0282	1790	30,975	093	21,1721	1497
	10	^0267	1823	31,399	111	21,5096	1676
	20	^0252	1856	31,824	128	21,8470	1855
	30	^0236	1890	32,249	146	22,1846	2034
	40	^0221	1923	32,674	163	22,5222	2213
	50	^0206	1956	33,099	180	22,8598	2392
41	0	^0191	1989	33,524	198	23,1975	2570
	10	^0175	2022	33,949	215	23,5353	2750
	20	^0160	2055	34,374	233	23,8731	2929
	30	^0145	2089	34,799	250	24,2110	3108
	40	^0130	2122	35,225	268	24,5489	3287
	50	^0114	2155	35,650	285	24,8869	3466
42	0	^0099	2188	36,075	303	25,2249	3645
	10	^0084	2221	36,501	320	25,5630	3825
	20	^0069	2255	36,926	337	25,9012	4004
	30	^0053	2288	37,352	355	26,2394	4183
	40	^0038	2321	37,777	372	26,5776	4363
	50	^0023	2354	38,203	390	26,9159	4542
43	0	^0008	2387	38,628	407	27,2543	4721
	10	9992	2421	39,054	425	27,5927	4901
	20	9977	2454	39,480	442	27,9312	5081
	30	9962	2487	39,906	460	28,2698	5260
	40	9947	2520	40,332	477	28,6084	5440
	50	9931	2554	40,758	495	28,9470	5619
44	0	9916	2587	41,184	512	29,2857	5799
	10	9901	2620	41,610	530	29,6245	5979
	20	9886	2653	42,036	547	29,9633	6159
	30	9870	2687	42,462	565	30,3022	6338
	40	9855	2720	42,888	582	30,6411	6518
	50	9840	2753	43,314	600	30,9801	6698
45	0	9825	2786	43,741	617	31,3191	6878
	10	9810	2820	44,167	635	31,6582	7058
	20	9794	2853	44,593	652	31,9974	7238
	30	9779	2886	45,020	670	32,3366	7418
	40	9764	2920	45,447	688	32,6758	7598
	50	9749	2953	45,873	705	33,0151	7778
46	0	9733	2986	46,300	723	33,3545	7959
	10	9718	3019	46,726	740	33,6939	8139
	20	9703	3053	47,153	758	34,0334	8319
	30	9688	3086	47,580	775	34,3730	8499
	40	9672	3119	48,007	793	34,7126	8680
	50	9657	3153	48,434	810	35,0522	8860
47	0	9642	3186	48,861	828	35,3919	9041
	10	9627	3219	49,288	846	35,7317	9221
	20	9611	3253	49,715	863	36,0715	9401
	30	9596	3286	50,142	881	36,4114	9582
	40	9581	3319	50,569	898	36,7513	9763
	50	9566	3353	50,996	916	37,0913	9943
48	0	9551	3386	51,424	934	37,4314	^0124
	10	9535	3419	51,851	951	37,7715	^0305
	20	9520	3453	52,279	969	38,1116	^0485
	30	9505	3486	52,706	986	38,4519	^0666
	40	9490	3520	53,134	^004	38,7921	^0847
	50	9474	3553	53,561	^022	39,1324	^1028
49	0	9459	3586	53,989	^039	39,4728	^1209
	10	9444	3620	54,416	^057	39,8133	^1390
	20	9429	3653	54,844	^074	40,1538	^1570
	30	9413	3686	55,272	^092	40,4943	^1751
	40	9398	3720	55,700	^110	40,8349	^1933
	50	9383	3753	56,128	^127	41,1756	^2114
50	0	9368	3787	56,556	^145	41,5163	^2295
		+3234,	-33,	+42	^+113,	+53	^+110,
'	"	15	34	428	18	3407	181

52°

'	"	15	33	428	18	3408	181
		b_1	b_2	a_1	a_2	l_1	l_2
		+3234,	-33,	+42	+113,	+53	+110,
50	0	9368	3787	56,556	145	41,5163	2295
	10	9353	3820	56,984	163	41,8571	2476
	20	9337	3853	57,412	180	42,1979	2657
	30	9322	3887	57,840	198	42,5388	2838
	40	9307	3920	58,268	216	42,8797	3020
	50	9292	3954	58,696	233	43,2207	3201
51	0	9276	3987	59,125	251	43,5618	3382
	10	9261	4021	59,553	269	43,9029	3564
	20	9246	4054	59,981	286	44,2441	3745
	30	9231	4087	60,410	304	44,5853	3927
	40	9216	4121	60,838	322	44,9266	4108
	50	9200	4154	61,267	339	45,2679	4290
52	0	9185	4188	61,695	357	45,6093	4471
	10	9170	4221	62,124	375	45,9508	4653
	20	9155	4255	62,553	392	46,2923	4835
	30	9139	4288	62,982	410	46,6338	5017
	40	9124	4322	63,410	428	46,9754	5198
	50	9109	4355	63,839	446	47,3171	5380
53	0	9094	4389	64,268	463	47,6589	5562
	10	9079	4422	64,697	481	48,0006	5744
	20	9063	4456	65,126	499	48,3425	5926
	30	9048	4489	65,555	517	48,6844	6108
	40	9033	4523	65,985	534	49,0263	6290
	50	9018	4556	66,414	552	49,3684	6472
54	0	9002	4590	66,843	570	49,7104	6654
	10	8987	4623	67,272	587	50,0526	6836
	20	8972	4657	67,702	605	50,3947	7018
	30	8957	4690	68,131	623	50,7370	7200
	40	8942	4724	68,561	641	51,0793	7383
	50	8926	4757	68,990	659	51,4216	7565
55	0	8911	4791	69,420	676	51,7640	7747
	10	8896	4824	69,850	694	52,1065	7930
	20	8881	4858	70,279	712	52,4490	8112
	30	8866	4891	70,709	730	52,7916	8295
	40	8850	4925	71,139	747	53,1342	8477
	50	8835	4958	71,569	765	53,4769	8660
56	0	8820	4992	71,999	783	53,8197	8842
	10	8805	5026	72,429	801	54,1625	9025
	20	8789	5059	72,859	819	54,5053	9207
	30	8774	5093	73,289	836	54,8483	9390
	40	8759	5126	73,719	854	55,1912	9573
	50	8744	5160	74,149	872	55,5343	9756
57	0	8729	5193	74,579	890	55,8774	9938
	10	8713	5227	75,010	908	56,2205	^0121
	20	8698	5261	75,440	925	56,5637	^0304
	30	8683	5294	75,871	943	56,9070	^0487
	40	8668	5328	76,301	961	57,2503	^0670
	50	8653	5361	76,732	979	57,5936	^0853
58	0	8637	5395	77,162	997	57,9371	^1036
	10	8622	5429	77,593	^015	58,2806	^1219
	20	8607	5462	78,024	^033	58,6241	^1402
	30	8592	5496	78,454	^050	58,9677	^1586
	40	8577	5529	78,885	^068	59,3114	^1769
	50	8561	5563	79,316	^086	59,6551	^1952
59	0	8546	5597	79,747	^104	59,9988	^2135
	10	8531	5630	80,178	^122	60,3427	^2319
	20	8516	5664	80,609	^140	60,6865	^2502
	30	8501	5698	81,040	^158	61,0305	^2686
	40	8485	5731	81,471	^175	61,3745	^2869
	50	8470	5765	81,902	^193	61,7185	^3052
60	0	8455	5799	82,334	^211	62,0626	^3236
		+3234,	-33,	+42	^+114,	+53	^+111,
'	"	15	34	432	18	3441	184

53°

'	"	b_1	b_2	a_1	a_2	l_1	l_2
		15	33	431	18	3442	184
		+3234,	-33,	+42	+114,	+53	+111,
0	0	8455	5799	82,334	211	62,0626	3236
	10	8440	5832	82,765	229	62,4068	3420
	20	8425	5866	83,196	247	62,7510	3603
	30	8409	5900	83,628	265	63,0953	3787
	40	8394	5933	84,059	283	63,4397	3971
	50	8379	5967	84,491	301	63,7841	4154
1	0	8364	6001	84,922	319	64,1285	4338
	10	8349	6034	85,354	337	64,4730	4522
	20	8333	6068	85,786	354	64,8176	4706
	30	8318	6102	86,217	372	65,1622	4890
	40	8303	6135	86,649	390	65,5069	5074
	50	8288	6169	87,081	408	65,8516	5258
2	0	8273	6203	87,513	426	66,1964	5442
	10	8257	6237	87,945	444	66,5413	5626
	20	8242	6270	88,377	462	66,8862	5810
	30	8227	6304	88,809	480	67,2311	5994
	40	8212	6338	89,241	498	67,5762	6178
	50	8197	6371	89,674	516	67,9212	6363
3	0	8181	6405	90,106	534	68,2664	6547
	10	8166	6439	90,538	552	68,6116	6731
	20	8151	6473	90,971	570	68,9568	6915
	30	8136	6506	91,403	588	69,3021	7100
	40	8121	6540	91,835	606	69,6475	7284
	50	8105	6574	92,268	624	69,9929	7469
4	0	8090	6608	92,701	642	70,3384	7653
	10	8075	6642	93,133	660	70,6839	7838
	20	8060	6675	93,566	678	71,0295	8023
	30	8045	6709	93,999	696	71,3752	8207
	40	8030	6743	94,432	714	71,7209	8392
	50	8014	6777	94,864	732	72,0667	8577
5	0	7999	6810	95,297	750	72,4125	8761
	10	7984	6844	95,730	768	72,7584	8946
	20	7969	6878	96,163	786	73,1043	9131
	30	7954	6912	96,596	804	73,4503	9316
	40	7938	6946	97,030	822	73,7963	9501
	50	7923	6979	97,463	840	74,1425	9686
6	0	7908	7013	97,896	858	74,4886	9871
	10	7893	7047	98,329	876	74,8348	^0056
	20	7878	7081	98,763	894	75,1811	^0241
	30	7862	7115	99,196	912	75,5275	^0426
	40	7847	7149	99,630	930	75,8739	^0611
	50	7832	7182	^00,063	948	76,2203	^0797
7	0	7817	7216	^00,497	966	76,5668	^0982
	10	7802	7250	^00,931	984	76,9134	^1167
	20	7787	7284	^01,364	^002	77,2600	^1352
	30	7771	7318	^01,798	^021	77,6067	^1538
	40	7756	7352	^02,232	^039	77,9535	^1723
	50	7741	7386	^02,666	^057	78,3002	^1909
8	0	7726	7419	^03,100	^075	78,6471	^2094
	10	7711	7453	^03,534	^093	78,9940	^2280
	20	7695	7487	^03,968	^111	79,3410	^2465
	30	7680	7521	^04,402	^129	79,6880	^2651
	40	7665	7555	^04,836	^147	80,0351	^2837
	50	7650	7589	^05,270	^165	80,3822	^3022
9	0	7635	7623	^05,704	^183	80,7295	^3208
	10	7620	7657	^06,139	^202	81,0767	^3394
	20	7604	7690	^06,573	^220	81,4240	^3580
	30	7589	7724	^07,008	^238	81,7714	^3766
	40	7574	7758	^07,442	^256	82,1188	^3952
	50	7559	7792	^07,877	^274	82,4663	^4138
10	0	7544	7826	^08,311	^292	82,8139	^4324
		+3234,	-33,	^+43	^+115,	+53	^+112,
'	"	15	34	434	18	3476	186

53°

'	"	b_1	b_2	a_1	a_2	l_1	l_2
		15	34	435	18	3476	186
		+3234,	-33,	+43	+115,	+53	+112,
10	0	7544	7826	08,311	292	82,8139	4324
	10	7529	7860	08,746	310	83,1615	4510
	20	7513	7894	09,181	328	83,5091	4696
	30	7498	7928	09,615	347	83,8569	4882
	40	7483	7962	10,050	365	84,2046	5068
	50	7468	7996	10,485	383	84,5525	5254
11	0	7453	8030	10,920	401	84,9004	5440
	10	7437	8064	11,355	419	85,2483	5627
	20	7422	8098	11,790	437	85,5963	5813
	30	7407	8132	12,225	456	85,9444	5999
	40	7392	8166	12,661	474	86,2925	6186
	50	7377	8200	13,096	492	86,6407	6372
12	0	7362	8234	13,531	510	86,9889	6559
	10	7346	8268	13,966	528	87,3372	6745
	20	7331	8301	14,402	547	87,6856	6932
	30	7316	8335	14,837	565	88,0340	7119
	40	7301	8369	15,273	583	88,3825	7305
	50	7286	8403	15,708	601	88,7310	7492
13	0	7271	8437	16,144	619	89,0796	7679
	10	7255	8471	16,580	638	89,4282	7866
	20	7240	8505	17,015	656	89,7769	8052
	30	7225	8539	17,451	674	90,1257	8239
	40	7210	8574	17,887	692	90,4745	8426
	50	7195	8608	18,323	711	90,8234	8613
14	0	7180	8642	18,759	729	91,1723	8800
	10	7164	8676	19,195	747	91,5213	8987
	20	7149	8710	19,631	765	91,8704	9174
	30	7134	8744	20,067	784	92,2195	9361
	40	7119	8778	20,503	802	92,5687	9549
	50	7104	8812	20,940	820	92,9179	9736
15	0	7089	8846	21,376	838	93,2672	9923
	10	7073	8880	21,812	857	93,6165	^0110
	20	7058	8914	22,249	875	93,9659	^0298
	30	7043	8948	22,685	893	94,3154	^0485
	40	7028	8982	23,122	911	94,6649	^0672
	50	7013	9016	23,558	930	95,0145	^0860
16	0	6998	9050	23,995	948	95,3641	^1047
	10	6983	9084	24,432	966	95,7138	^1235
	20	6967	9118	24,868	985	96,0635	^1423
	30	6952	9152	25,305	^003	96,4133	^1610
	40	6937	9187	25,742	^021	96,7632	^1798
	50	6922	9221	26,179	^040	97,1131	^1986
17	0	6907	9255	26,616	^058	97,4631	^2173
	10	6892	9289	27,053	^076	97,8131	^2361
	20	6876	9323	27,490	^094	98,1632	^2549
	30	6861	9357	27,927	^113	98,5134	^2737
	40	6846	9391	28,364	^131	98,8636	^2925
	50	6831	9425	28,802	^149	99,2139	^3113
18	0	6816	9460	29,239	^168	99,5642	^3301
	10	6801	9494	29,676	^186	99,9146	^3489
	20	6785	9528	30,114	^205	^00,2650	^3677
	30	6770	9562	30,551	^223	^00,6155	^3865
	40	6755	9596	30,989	^241	^00,9661	^4053
	50	6740	9630	31,427	^260	^01,3167	^4241
19	0	6725	9664	31,864	^278	^01,6674	^4430
	10	6710	9699	32,302	^296	^02,0181	^4618
	20	6695	9733	32,740	^315	^02,3689	^4806
	30	6679	9767	33,178	^333	^02,7198	^4995
	40	6664	9801	33,615	^351	^03,0707	^5183
	50	6649	9835	34,053	^370	^03,4217	^5371
20	0	6634	9869	34,491	^388	^03,7727	^5560
		+3234,	-33,	+43	^+116,	^+54	^+113,
'	"	15	34	438	18	3510	189

53°

'	"	b1 (15)	b2 (35)	a1 (438)	a2 (19)	l1 (3511)	l2 (189)
		+3234,	^-33,	+43	+116,	+54	^+113,
20	0	6634	^9869	34,491	388	03,7727	^5560
	10	6619	^9904	34,929	407	04,1238	^5749
	20	6604	^9938	35,368	425	04,4750	^5937
	30	6589	^9972	35,806	443	04,8262	^6126
	40	6573	0006	36,244	462	05,1774	^6314
	50	6558	0040	36,682	480	05,5287	^6503
21	0	6543	0075	37,121	499	05,8801	^6692
	10	6528	0109	37,559	517	06,2316	^6881
	20	6513	0143	37,998	536	06,5831	^7070
	30	6498	0177	38,436	554	06,9346	^7258
	40	6483	0212	38,875	572	07,2862	^7447
	50	6467	0246	39,313	591	07,6379	^7636
22	0	6452	0280	39,752	609	07,9896	^7825
	10	6437	0314	40,191	628	08,3414	^8014
	20	6422	0349	40,630	646	08,6933	^8204
	30	6407	0383	41,068	665	09,0452	^8393
	40	6392	0417	41,507	683	09,3972	^8582
	50	6377	0451	41,946	702	09,7492	^8771
23	0	6361	0486	42,385	720	10,1013	^8960
	10	6346	0520	42,824	739	10,4534	^9150
	20	6331	0554	43,264	757	10,8056	^9339
	30	6316	0588	43,703	775	11,1579	^9528
	40	6301	0623	44,142	794	11,5102	^9718
	50	6286	0657	44,581	812	11,8626	^9907
24	0	6271	0691	45,021	831	12,2150	0097
	10	6255	0726	45,460	849	12,5675	0286
	20	6240	0760	45,900	868	12,9201	0476
	30	6225	0794	46,339	886	13,2727	0666
	40	6210	0828	46,779	905	13,6253	0855
	50	6195	0863	47,219	923	13,9781	1045
25	0	6180	0897	47,658	942	14,3309	1235
	10	6165	0931	48,098	961	14,6837	1425
	20	6149	0966	48,538	979	15,0366	1615
	30	6134	1000	48,978	998	15,3896	1805
	40	6119	1034	49,418	^016	15,7426	1994
	50	6104	1069	49,858	^035	16,0957	2184
26	0	6089	1103	50,298	^053	16,4488	2375
	10	6074	1137	50,738	^072	16,8020	2565
	20	6059	1172	51,178	^090	17,1553	2755
	30	6044	1206	51,618	^109	17,5086	2945
	40	6028	1241	52,059	^127	17,8620	3135
	50	6013	1275	52,499	^146	18,2154	3325
27	0	5998	1309	52,939	^165	18,5689	3516
	10	5983	1344	53,380	^183	18,9225	3706
	20	5968	1378	53,820	^202	19,2761	3896
	30	5953	1412	54,261	^220	19,6298	4087
	40	5938	1447	54,702	^239	19,9835	4277
	50	5922	1481	55,142	^257	20,3373	4468
28	0	5907	1516	55,583	^276	20,6912	4658
	10	5892	1550	56,024	^295	21,0451	4849
	20	5877	1584	56,465	^313	21,3990	5039
	30	5862	1619	56,906	^332	21,7531	5230
	40	5847	1653	57,347	^351	22,1071	5421
	50	5832	1688	57,788	^369	22,4613	5612
29	0	5817	1722	58,229	^388	22,8155	5802
	10	5801	1757	58,670	^406	23,1698	5993
	20	5786	1791	59,111	^425	23,5241	6184
	30	5771	1825	59,553	^444	23,8785	6375
	40	5756	1860	59,994	^462	24,2329	6566
	50	5741	1894	60,435	^481	24,5874	6757
30	0	5726	1929	60,877	^500	24,9420	6948
		+3234,	-34,	+43	^+117,	+54	+114,
'	"	15	35	442	19	3546	191

53°

'	"	b1 (15)	b2 (34)	a1 (441)	a2 (18)	l1 (3546)	l2 (191)
		+3234,	-34,	+43	^+117,	+54	^+114,
30	0	5726	1929	60,877	^500	24,9420	^6948
	10	5711	1963	61,318	^518	25,2966	^7139
	20	5696	1998	61,760	^537	25,6513	^7330
	30	5680	2032	62,202	^556	26,0060	^7522
	40	5665	2067	62,643	^574	26,3608	^7713
	50	5650	2101	63,085	^593	26,7157	^7904
31	0	5635	2136	63,527	^612	27,0706	^8095
	10	5620	2170	63,969	^630	27,4256	^8287
	20	5605	2205	64,411	^649	27,7806	^8478
	30	5590	2239	64,853	^668	28,1357	^8670
	40	5575	2274	65,295	^686	28,4908	^8861
	50	5560	2308	65,737	^705	28,8461	^9053
32	0	5544	2343	66,179	^724	29,2013	^9244
	10	5529	2377	66,621	^742	29,5567	^9436
	20	5514	2412	67,063	^761	29,9121	^9628
	30	5499	2446	67,506	^780	30,2675	^9819
	40	5484	2481	67,948	^799	30,6230	0011
	50	5469	2515	68,390	^817	30,9786	0203
33	0	5454	2550	68,833	^836	31,3342	0395
	10	5439	2584	69,275	^855	31,6899	0586
	20	5423	2619	69,718	^874	32,0457	0778
	30	5408	2653	70,161	^892	32,4015	0970
	40	5393	2688	70,603	^911	32,7573	1162
	50	5378	2722	71,046	^930	33,1133	1354
34	0	5363	2757	71,489	^949	33,4692	1547
	10	5348	2792	71,932	^967	33,8253	1739
	20	5333	2826	72,375	^986	34,1814	1931
	30	5318	2861	72,818	005	34,5376	2123
	40	5303	2895	73,261	024	34,8938	2315
	50	5287	2930	73,704	042	35,2501	2508
35	0	5272	2964	74,147	061	35,6064	2700
	10	5257	2999	74,591	080	35,9628	2892
	20	5242	3034	75,034	099	36,3193	3085
	30	5227	3068	75,477	117	36,6758	3277
	40	5212	3103	75,921	136	37,0324	3470
	50	5197	3137	76,364	155	37,3890	3662
36	0	5182	3172	76,808	174	37,7457	3855
	10	5167	3207	77,251	193	38,1025	4048
	20	5152	3241	77,695	212	38,4593	4240
	30	5136	3276	78,139	230	38,8162	4433
	40	5121	3311	78,583	249	39,1731	4626
	50	5106	3345	79,026	268	39,5301	4819
37	0	5091	3380	79,470	287	39,8872	5012
	10	5076	3415	79,914	306	40,2443	5205
	20	5061	3449	80,358	325	40,6015	5397
	30	5046	3484	80,802	343	40,9587	5590
	40	5031	3518	81,246	362	41,3160	5784
	50	5016	3553	81,691	381	41,6734	5977
38	0	5001	3588	82,135	400	42,0308	6170
	10	4985	3623	82,579	419	42,3883	6363
	20	4970	3657	83,024	438	42,7458	6556
	30	4955	3692	83,468	457	43,1034	6749
	40	4940	3727	83,912	475	43,4611	6943
	50	4925	3761	84,357	494	43,8188	7136
39	0	4910	3796	84,802	513	44,1766	7329
	10	4895	3831	85,246	532	44,5344	7523
	20	4880	3865	85,691	551	44,8923	7716
	30	4865	3900	86,136	570	45,2503	7910
	40	4850	3935	86,581	589	45,6083	8104
	50	4834	3970	87,025	608	45,9664	8297
40	0	4819	4004	87,470	627	46,3245	8491
		+3234,	-34,	+43	+118,	+54	+115,
'	"	15	34	445	19	3581	194

53°

'	"	b_1	b_2	a_1	a_2	l_1	l_2
		15	35	445	18	3582	193
		+3234,	-34,	^+43	^+118,	+54	+11
40	0	4819	4004	^87,470	^627	46,3245	5,8491
	10	4804	4039	^87,915	^645	46,6827	5,8684
	20	4789	4074	^88,360	^664	47,0410	5,8878
	30	4774	4108	^88,806	^683	47,3993	5,9072
	40	4759	4143	^89,251	^702	47,7577	5,9266
	50	4744	4178	^89,696	^721	48,1161	5,9460
41	0	4729	4213	^90,141	^740	48,4746	5,9654
	10	4714	4247	^90,587	^759	48,8332	5,9848
	20	4699	4282	^91,032	^778	49,1918	6,0042
	30	4684	4317	^91,478	^797	49,5505	6,0236
	40	4668	4352	^91,923	^816	49,9092	6,0430
	50	4653	4387	^92,369	^835	50,2680	6,0624
42	0	4638	4421	^92,814	^854	50,6269	6,0818
	10	4623	4456	^93,260	^873	50,9858	6,1012
	20	4608	4491	^93,706	^892	51,3448	6,1207
	30	4593	4526	^94,152	^911	51,7038	6,1401
	40	4578	4560	^94,598	^930	52,0629	6,1595
	50	4563	4595	^95,043	^949	52,4221	6,1790
43	0	4548	4630	^95,489	^968	52,7813	6,1984
	10	4533	4665	^95,936	^987	53,1406	6,2179
	20	4518	4700	^96,382	006	53,4999	6,2373
	30	4502	4735	^96,828	025	53,8593	6,2568
	40	4487	4769	^97,274	044	54,2188	6,2762
	50	4472	4804	^97,720	063	54,5783	6,2957
44	0	4457	4839	^98,167	082	54,9379	6,3152
	10	4442	4874	^98,613	101	55,2975	6,3346
	20	4427	4909	^99,060	120	55,6572	6,3541
	30	4412	4944	^99,506	139	56,0170	6,3736
	40	4397	4978	^99,953	158	56,3768	6,3931
	50	4382	5013	00,399	177	56,7367	6,4126
45	0	4367	5048	00,846	196	57,0967	6,4321
	10	4352	5083	01,293	215	57,4567	6,4516
	20	4337	5118	01,740	234	57,8167	6,4711
	30	4321	5153	02,187	253	58,1769	6,4906
	40	4306	5188	02,634	272	58,5371	6,5101
	50	4291	5223	03,081	291	58,8973	6,5296
46	0	4276	5257	03,528	310	59,2576	6,5492
	10	4261	5292	03,975	329	59,6180	6,5687
	20	4246	5327	04,422	349	59,9784	6,5882
	30	4231	5362	04,869	368	60,3389	6,6078
	40	4216	5397	05,317	387	60,6995	6,6273
	50	4201	5432	05,764	406	61,0601	6,6469
47	0	4186	5467	06,211	425	61,4207	6,6664
	10	4171	5502	06,659	444	61,7815	6,6860
	20	4156	5537	07,106	463	62,1423	6,7055
	30	4141	5572	07,554	482	62,5031	6,7251
	40	4125	5607	08,002	501	62,8640	6,7447
	50	4110	5642	08,449	520	63,2250	6,7642
48	0	4095	5676	08,897	540	63,5860	6,7838
	10	4080	5711	09,345	559	63,9471	6,8034
	20	4065	5746	09,793	578	64,3083	6,8230
	30	4050	5781	10,241	597	64,6695	6,8426
	40	4035	5816	10,689	616	65,0308	6,8622
	50	4020	5851	11,137	635	65,3921	6,8818
49	0	4005	5886	11,585	654	65,7535	6,9014
	10	3990	5921	12,033	674	66,1150	6,9210
	20	3975	5956	12,481	693	66,4765	6,9406
	30	3960	5991	12,930	712	66,8381	6,9602
	40	3945	6026	13,378	731	67,1997	6,9798
	50	3930	6061	13,827	750	67,5615	6,9994
50	0	3914	6096	14,275	769	67,9232	7,0191
		+3234,	-34,	+44	+119,	+54	+11
'	"	16	35	448	19	3617	197

53°

'	"	b_1	b_2	a_1	a_2	l_1	l_2
		15	35	449	20	3618	196
		+3234,	-34,	+44	^+119,	+54	+117,
50	0	3914	6096	14,275	^769	67,9232	0191
	10	3899	6131	14,724	^789	68,2850	0387
	20	3884	6166	15,172	^808	68,6469	0584
	30	3869	6201	15,621	^827	69,0089	0780
	40	3854	6236	16,070	^846	69,3709	0976
	50	3839	6271	16,518	^865	69,7330	1173
51	0	3824	6306	16,967	^885	70,0951	1370
	10	3809	6341	17,416	^904	70,4573	1566
	20	3794	6376	17,865	^923	70,8195	1763
	30	3779	6411	18,314	^942	71,1819	1960
	40	3764	6446	18,763	^961	71,5442	2156
	50	3749	6482	19,212	^981	71,9067	2353
52	0	3734	6517	19,662	000	72,2692	2550
	10	3719	6552	20,111	019	72,6317	2747
	20	3704	6587	20,560	038	72,9943	2944
	30	3689	6622	21,010	058	73,3570	3141
	40	3673	6657	21,459	077	73,7198	3338
	50	3658	6692	21,909	096	74,0826	3535
53	0	3643	6727	22,358	115	74,4454	3732
	10	3628	6762	22,808	135	74,8084	3929
	20	3613	6797	23,257	154	75,1713	4126
	30	3598	6832	23,707	173	75,5344	4323
	40	3583	6867	24,157	193	75,8975	4521
	50	3568	6903	24,607	212	76,2607	4718
54	0	3553	6938	25,057	231	76,6239	4915
	10	3538	6973	25,507	250	76,9872	5113
	20	3523	7008	25,957	270	77,3505	5310
	30	3508	7043	26,407	289	77,7140	5508
	40	3493	7078	26,857	308	78,0774	5705
	50	3478	7113	27,307	328	78,4410	5903
55	0	3463	7148	27,757	347	78,8046	6101
	10	3448	7184	28,208	366	79,1682	6298
	20	3433	7219	28,658	386	79,5319	6496
	30	3418	7254	29,109	405	79,8957	6694
	40	3402	7289	29,559	424	80,2596	6892
	50	3387	7324	30,010	444	80,6235	7090
56	0	3372	7359	30,460	463	80,9874	7288
	10	3357	7395	30,911	482	81,3515	7485
	20	3342	7430	31,362	502	81,7156	7683
	30	3327	7465	31,813	521	82,0797	7882
	40	3312	7500	32,264	540	82,4439	8080
	50	3297	7535	32,715	560	82,8082	8278
57	0	3282	7570	33,166	579	83,1725	8476
	10	3267	7606	33,617	598	83,5369	8674
	20	3252	7641	34,068	618	83,9014	8872
	30	3237	7676	34,519	637	84,2659	9071
	40	3222	7711	34,970	657	84,6305	9269
	50	3207	7747	35,421	676	84,9951	9468
58	0	3192	7782	35,873	695	85,3598	9666
	10	3177	7817	36,324	715	85,7246	9865
	20	3162	7852	36,776	734	86,0894	^0063
	30	3147	7887	37,227	754	86,4543	^0262
	40	3132	7923	37,679	773	86,8192	^0460
	50	3117	7958	38,130	792	87,1843	^0659
59	0	3102	7993	38,582	812	87,5493	^0858
	10	3087	8028	39,034	831	87,9145	^1056
	20	3071	8064	39,486	851	88,2797	^1255
	30	3056	8099	39,938	870	88,6449	^1454
	40	3041	8134	40,390	890	89,0102	^1653
	50	3026	8170	40,842	909	89,3756	^1852
60	0	3011	8205	41,294	929	89,7411	^2051
		+3234,	-34,	+44	+120,	+54	^+118,
'	"	15	35	452	20	3655	199

54°

'	"	15	35	452	19	3655	199
		b_1	b_2	a_1	a_2	l_1	l_2
		+3234,	-34,	+44	+12	^+54	+118,
0	0	3011	8205	41,294	0,929	^89,7411	2051
	10	2996	8240	41,746	0,948	^90,1066	2250
	20	2981	8275	42,198	0,967	^90,4721	2449
	30	2966	8311	42,650	0,987	^90,8378	2648
	40	2951	8346	43,103	1,006	^91,2034	2848
	50	2936	8381	43,555	1,026	^91,5692	3047
1	0	2921	8417	44,008	1,045	^91,9350	3246
	10	2906	8452	44,460	1,065	^92,3009	3445
	20	2891	8487	44,913	1,084	^92,6668	3645
	30	2876	8523	45,365	1,104	^93,0328	3844
	40	2861	8558	45,818	1,123	^93,3989	4044
	50	2846	8593	46,271	1,143	^93,7650	4243
2	0	2831	8629	46,724	1,162	^94,1312	4443
	10	2816	8664	47,176	1,182	^94,4974	4642
	20	2801	8699	47,629	1,201	^94,8637	4842
	30	2786	8735	48,082	1,221	^95,2301	5042
	40	2771	8770	48,535	1,240	^95,5965	5241
	50	2756	8805	48,988	1,260	^95,9630	5441
3	0	2741	8841	49,442	1,279	^96,3296	5641
	10	2726	8876	49,895	1,299	^96,6962	5841
	20	2711	8911	50,348	1,319	^97,0629	6041
	30	2696	8947	50,802	1,338	^97,4296	6241
	40	2681	8982	51,255	1,358	^97,7964	6441
	50	2666	9018	51,708	1,377	^98,1633	6641
4	0	2651	9053	52,162	1,397	^98,5302	6841
	10	2635	9088	52,616	1,416	^98,8972	7041
	20	2620	9124	53,069	1,436	^99,2643	7241
	30	2605	9159	53,523	1,455	^99,6314	7441
	40	2590	9195	53,977	1,475	^99,9986	7642
	50	2575	9230	54,431	1,495	00,3658	7842
5	0	2560	9266	54,884	1,514	00,7331	8042
	10	2545	9301	55,338	1,534	01,1005	8243
	20	2530	9336	55,792	1,553	01,4679	8443
	30	2515	9372	56,246	1,573	01,8354	8644
	40	2500	9407	56,701	1,593	02,2029	8344
	50	2485	9443	57,155	1,612	02,5705	9045
6	0	2470	9478	57,609	1,632	02,9382	9245
	10	2455	9514	58,063	1,651	03,3059	9446
	20	2440	9549	58,518	1,671	03,6737	9647
	30	2425	9585	58,972	1,691	04,0416	9848
	40	2410	9620	59,427	1,710	04,4095	^0048
	50	2395	9655	59,881	1,730	04,7775	^0249
7	0	2380	9691	60,336	1,750	05,1455	^0450
	10	2365	9726	60,791	1,769	05,5136	^0651
	20	2350	9762	61,245	1,789	05,8818	^0852
	30	2335	9797	61,700	1,809	06,2501	^1053
	40	2320	9833	62,155	1,828	06,6183	^1254
	50	2305	9868	62,610	1,848	06,9867	^1456
8	0	2290	9904	63,065	1,868	07,3551	^1657
	10	2275	9939	63,520	1,887	07,7236	^1858
	20	2260	9975	63,975	1,907	08,0922	^2059
	30	2245	^0011	64,430	1,927	08,4608	^2261
	40	2230	^0046	64,886	1,946	08,8294	^2462
	50	2215	^0082	65,341	1,966	09,1982	^2663
9	0	2200	^0117	65,796	1,986	09,5670	^2865
	10	2185	^0153	66,252	2,005	09,9358	^3066
	20	2170	^0188	66,707	2,025	10,3047	^3268
	30	2155	^0224	67,163	2,045	10,6737	^3470
	40	2140	^0259	67,618	2,065	11,0428	^3671
	50	2125	^0295	68,074	2,084	11,4119	^3873
10	0	2110	^0330	68,530	2,104	11,7810	^4075
		+3234,	^-35,	+44	+12	+55	^+119,
'	"	15	35	456	20	3691	202

54°

'	"	15	36	455	20	3693	201
		b_1	b_2	a_1	a_2	l_1	l_2
		+3234,	-35,	+44	+122,	+55	+119,
10	0	2110	0330	68,530	104	11,7810	4075
	10	2095	0366	68,985	124	12,1503	4276
	20	2080	0402	69,441	144	12,5196	4478
	30	2065	0437	69,897	163	12,8889	4680
	40	2050	0473	70,353	183	13,2583	4882
	50	2035	0508	70,809	203	13,6278	5084
11	0	2020	0544	71,265	223	13,9974	5286
	10	2005	0580	71,721	242	14,3670	5488
	20	1990	0615	72,178	262	14,7367	5690
	30	1975	0651	72,634	282	15,1064	5892
	40	1960	0686	73,090	302	15,4762	6095
	50	1945	0722	73,547	321	15,8460	6297
12	0	1930	0758	74,003	341	16,2160	6499
	10	1915	0793	74,460	361	16,5859	6702
	20	1900	0829	74,916	381	16,9560	6904
	30	1885	0864	75,373	401	17,3261	7106
	40	1870	0900	75,830	420	17,6963	7309
	50	1855	0936	76,286	440	18,0665	7511
13	0	1840	0971	76,743	460	18,4368	7714
	10	1825	1007	77,200	480	18,8072	7917
	20	1810	1043	77,657	500	19,1776	8119
	30	1795	1078	78,114	519	19,5481	8322
	40	1780	1114	78,571	539	19,9186	8525
	50	1765	1150	79,028	559	20,2892	8728
14	0	1750	1185	79,486	579	20,6599	8930
	10	1735	1221	79,943	599	21,0307	9133
	20	1720	1257	80,400	619	21,4015	9336
	30	1705	1293	80,857	638	21,7723	9539
	40	1690	1328	81,315	658	22,1433	9742
	50	1675	1364	81,772	678	22,5142	9945
15	0	1660	1400	82,230	698	22,8853	^0149
	10	1645	1435	82,688	718	23,2564	^0352
	20	1630	1471	83,145	738	23,6276	^0555
	30	1615	1507	83,603	758	23,9988	^0758
	40	1600	1543	84,061	778	24,3701	^0962
	50	1585	1578	84,519	798	24,7415	^1165
16	0	1570	1614	84,977	817	25,1129	^1368
	10	1555	1650	85,435	837	25,4844	^1572
	20	1540	1685	85,893	857	25,8560	^1775
	30	1525	1721	86,351	877	26,2276	^1979
	40	1510	1757	86,809	897	26,5993	^2183
	50	1495	1793	87,267	917	26,9710	^2386
17	0	1480	1829	87,726	937	27,3428	^2590
	10	1465	1864	88,184	957	27,7147	^2794
	20	1450	1900	88,642	977	28,0867	^2997
	30	1435	1936	89,101	997	28,4587	^3201
	40	1420	1972	89,559	^017	28,8307	^3405
	50	1405	2007	90,018	^037	29,2028	^3609
18	0	1390	2043	90,477	^057	29,5750	^3813
	10	1375	2079	90,936	^077	29,9473	^4017
	20	1360	2115	91,394	^096	30,3196	^4221
	30	1345	2151	91,853	^116	30,6920	^4425
	40	1330	2186	92,312	^136	31,0644	^4630
	50	1315	2222	92,771	^156	31,4369	^4834
19	0	1300	2258	93,230	^176	31,8095	^5038
	10	1285	2294	93,689	^196	32,1821	^5242
	20	1270	2330	94,148	^216	32,5548	^5447
	30	1255	2366	94,608	^236	32,9276	^5651
	40	1240	2401	95,067	^256	33,3004	^5856
	50	1225	2437	95,526	^276	33,6733	^6060
20	0	1210	2473	95,986	^296	34,0462	^6265
		+3234,	-35,	+44	^+123,	+55	^+120,
'	"	15	36	460	20	3729	205

54°

'	"	15	36	459	20	3731	204
		b_1	b_2	a_1	a_2	l_1	l_2
		+3234,	-35,	ˆ+44	+123,	+55	ˆ+120,
20	0	1210	2473	ˆ95,986	296	34,0462	ˆ6265
	10	1195	2509	ˆ96,445	316	34,4193	ˆ6469
	20	1180	2545	ˆ96,905	336	34,7923	ˆ6674
	30	1165	2581	ˆ97,364	356	35,1655	ˆ6879
	40	1150	2617	ˆ97,824	376	35,5387	ˆ7083
	50	1135	2653	ˆ98,284	397	35,9119	ˆ7288
21	0	1120	2688	ˆ98,744	417	36,2853	ˆ7493
	10	1105	2724	ˆ99,203	437	36,6587	ˆ7698
	20	1090	2760	ˆ99,663	457	37,0321	ˆ7903
	30	1075	2796	00,123	477	37,4056	ˆ8108
	40	1060	2832	00,583	497	37,7792	ˆ8313
	50	1045	2868	01,044	517	38,1529	ˆ8518
22	0	1030	2904	01,504	537	38,5266	ˆ8723
	10	1015	2940	01,964	557	38,9004	ˆ8928
	20	1000	2976	02,424	577	39,2742	ˆ9133
	30	0985	3012	02,885	597	39,6481	ˆ9338
	40	0971	3047	03,345	617	40,0221	ˆ9544
	50	0956	3083	03,805	637	40,3961	ˆ9749
23	0	0941	3119	04,266	657	40,7702	ˆ9954
	10	0926	3155	04,727	678	41,1443	0160
	20	0911	3191	05,187	698	41,5186	0365
	30	0896	3227	05,648	718	41,8928	0571
	40	0881	3263	06,109	738	42,2672	0777
	50	0866	3299	06,570	758	42,6416	0982
24	0	0851	3335	07,031	778	43,0161	1188
	10	0836	3371	07,492	798	43,3906	1394
	20	0821	3407	07,953	818	43,7652	1599
	30	0806	3443	08,414	838	44,1399	1805
	40	0791	3479	08,875	859	44,5146	2011
	50	0776	3515	09,336	879	44,8894	2217
25	0	0761	3551	09,797	899	45,2643	2423
	10	0746	3587	10,259	919	45,6392	2629
	20	0731	3623	10,720	939	46,0142	2835
	30	0716	3659	11,182	959	46,3892	3041
	40	0701	3695	11,643	980	46,7643	3247
	50	0686	3731	12,105	ˆ000	47,1395	3453
26	0	0671	3767	12,566	ˆ020	47,5148	3660
	10	0656	3803	13,028	ˆ040	47,8901	3866
	20	0641	3839	13,490	ˆ060	48,2654	4072
	30	0626	3875	13,952	ˆ081	48,6409	4279
	40	0611	3911	14,414	ˆ101	49,0164	4485
	50	0596	3947	14,876	ˆ121	49,3919	4692
27	0	0581	3983	15,338	ˆ141	49,7675	4898
	10	0566	4019	15,800	ˆ161	50,1432	5105
	20	0551	4056	16,262	ˆ182	50,5190	5311
	30	0537	4092	16,724	ˆ202	50,8948	5518
	40	0522	4128	17,187	ˆ222	51,2707	5725
	50	0507	4164	17,649	ˆ242	51,6466	5932
28	0	0492	4200	18,111	ˆ263	52,0226	6138
	10	0477	4236	18,574	ˆ283	52,3987	6345
	20	0462	4272	19,036	ˆ303	52,7749	6552
	30	0447	4308	19,499	ˆ323	53,1511	6759
	40	0432	4344	19,962	ˆ344	53,5273	6966
	50	0417	4380	20,424	ˆ364	53,9037	7173
29	0	0402	4417	20,887	ˆ384	54,2801	7380
	10	0387	4453	21,350	ˆ404	54,6565	7588
	20	0372	4489	21,813	ˆ425	55,0330	7795
	30	0357	4525	22,276	ˆ445	55,4096	8002
	40	0342	4561	22,739	ˆ465	55,7863	8209
	50	0327	4597	23,202	ˆ486	56,1630	8417
30	0	0312	4633	23,665	ˆ506	56,5398	8624
		+3234,	-35,	+45	ˆ+124,	+55	+121,
'	"	15	36	463	20	3768	207

54°

'	"	15	36	463	20	3768	208
		b_1	b_2	a_1	a_2	l_1	l_2
		ˆ+3234,	-35,	+45	ˆ+124,	+55	+12
30	0	ˆ0312	4633	23,665	ˆ506	56,5398	1,8624
	10	ˆ0297	4669	24,128	ˆ526	56,9166	1,8832
	20	ˆ0282	4706	24,592	ˆ546	57,2935	1,9039
	30	ˆ0267	4742	25,055	ˆ567	57,6705	1,9247
	40	ˆ0252	4778	25,519	ˆ587	58,0475	1,9454
	50	ˆ0237	4814	25,982	ˆ607	58,4246	1,9662
31	0	ˆ0223	4850	26,446	ˆ628	58,8018	1,9869
	10	ˆ0208	4886	26,909	ˆ648	59,1790	2,0077
	20	ˆ0193	4923	27,373	ˆ668	59,5563	2,0285
	30	ˆ0178	4959	27,837	ˆ687	59,9337	2,0493
	40	ˆ0163	4995	28,300	ˆ709	60,3111	2,0701
	50	ˆ0148	5031	28,764	ˆ729	60,6886	2,0909
32	0	ˆ0133	5067	29,228	ˆ750	61,0662	2,1117
	10	ˆ0118	5104	29,692	ˆ770	61,4438	2,1325
	20	ˆ0103	5140	30,156	ˆ791	61,8215	2,1533
	30	ˆ0088	5176	30,620	ˆ811	62,1992	2,1741
	40	ˆ0073	5212	31,085	ˆ831	62,5770	2,1949
	50	ˆ0058	5249	31,549	ˆ852	62,9549	2,2157
33	0	ˆ0043	5285	32,013	ˆ872	63,3328	2,2365
	10	ˆ0028	5321	32,478	ˆ892	63,7108	2,2574
	20	ˆ0013	5357	32,942	ˆ913	64,0889	2,2782
	30	9998	5394	33,406	ˆ933	64,4670	2,2991
	40	9983	5430	33,871	ˆ954	64,8452	2,3199
	50	9968	5466	34,336	ˆ974	65,2235	2,3408
34	0	9954	5502	34,800	ˆ994	65,6018	2,3616
	10	9939	5539	35,265	015	65,9802	2,3825
	20	9924	5575	35,730	035	66,3587	2,4033
	30	9909	5611	36,195	056	66,7372	2,4242
	40	9894	5647	36,660	076	67,1158	2,4451
	50	9879	5684	37,125	097	67,4944	2,4660
35	0	9864	5720	37,590	117	67,8732	2,4868
	10	9849	5756	38,055	138	68,2519	2,5077
	20	9834	5793	38,520	158	68,6308	2,5286
	30	9819	5829	38,985	178	69,0097	2,5495
	40	9804	5865	39,451	199	69,3887	2,5704
	50	9789	5902	39,916	219	69,7677	2,5913
36	0	9774	5938	40,382	240	70,1468	2,6122
	10	9759	5974	40,847	260	70,5260	2,6332
	20	9744	6011	41,313	281	70,9052	2,6541
	30	9730	6047	41,778	301	71,2845	2,6750
	40	9715	6083	42,244	322	71,6639	2,6960
	50	9700	6120	42,710	342	72,0433	2,7169
37	0	9685	6156	43,176	363	72,4228	2,7378
	10	9670	6192	43,641	383	72,8024	2,7588
	20	9655	6229	44,107	404	73,1820	2,7797
	30	9640	6265	44,573	424	73,5617	2,8007
	40	9625	6301	45,039	445	73,9414	2,8217
	50	9610	6338	45,506	465	74,3213	2,8426
38	0	9595	6374	45,972	486	74,7011	2,8636
	10	9580	6411	46,438	506	75,0811	2,8846
	20	9565	6447	46,904	527	75,4611	2,9055
	30	9550	6483	47,371	548	75,8412	2,9265
	40	9535	6520	47,837	568	76,2213	2,9475
	50	9521	6556	48,304	589	76,6015	2,9685
39	0	9506	6593	48,770	609	76,9818	2,9895
	10	9491	6629	49,237	630	77,3622	3,0105
	20	9476	6665	49,704	650	77,7426	3,0315
	30	9461	6702	50,171	671	78,1230	3,0526
	40	9446	6738	50,637	692	78,5036	3,0736
	50	9431	6775	51,104	712	78,8842	3,0946
40	0	9416	6811	51,571	733	79,2648	3,1156
		+3233,	-35,	+45	+125,	+55	+12
'	"	15	36	467	21	3806	210

54°

'	"	15	37	467	20	3808	211
		b_1	b_2	a_1	a_2	l_1	l_2
		+3233,	-35,	+45	^+125,	+55	+123,
40	0	9416	6811	51,571	^733	79,2648	1156
	10	9401	6848	52,038	^753	79,6456	1367
	20	9386	6884	52,505	^774	80,0264	1577
	30	9371	6920	52,973	^795	80,4072	1788
	40	9356	6957	53,440	^815	80,7882	1998
	50	9341	6993	53,907	^836	81,1691	2209
41	0	9327	7030	54,375	^856	81,5502	2419
	10	9312	7066	54,842	^877	81,9313	2630
	20	9297	7103	55,309	^898	82,3125	2841
	30	9282	7139	55,777	^918	82,6938	3051
	40	9267	7176	56,245	^939	83,0751	3262
	50	9252	7212	56,712	^960	83,4565	3473
42	0	9237	7249	57,180	^980	83,8379	3684
	10	9222	7285	57,648	001	84,2194	3895
	20	9207	7322	58,116	022	84,6010	4106
	30	9192	7358	58,584	042	84,9827	4317
	40	9177	7395	59,052	063	85,3644	4528
	50	9163	7431	59,520	084	85,7461	4739
43	0	9148	7468	59,988	104	86,1280	4950
	10	9133	7504	60,456	125	86,5099	5161
	20	9118	7541	60,924	146	86,8919	5373
	30	9103	7578	61,393	166	87,2739	5584
	40	9088	7614	61,861	187	87,6560	5795
	50	9073	7651	62,329	208	88,0382	6007
44	0	9058	7687	62,798	228	88,4204	6218
	10	9043	7724	63,267	249	88,8027	6430
	20	9028	7760	63,735	270	89,1851	6641
	30	9013	7797	64,204	291	89,5675	6853
	40	8999	7834	64,673	311	89,9500	7065
	50	8984	7870	65,141	332	90,3326	7276
45	0	8969	7907	65,610	353	90,7152	7488
	10	8954	7943	66,079	374	91,0979	7700
	20	8939	7980	66,548	394	91,4807	7912
	30	8924	8017	67,017	415	91,8635	8124
	40	8909	8053	67,487	436	92,2464	8336
	50	8894	8090	67,956	457	92,6293	8548
46	0	8879	8126	68,425	477	93,0124	8760
	10	8864	8163	68,894	498	93,3954	8972
	20	8849	8200	69,364	519	93,7786	9184
	30	8835	8236	69,833	540	94,1618	9396
	40	8820	8273	70,303	560	94,5451	9609
	50	8805	8310	70,772	581	94,9285	9821
47	0	8790	8346	71,242	602	95,3119	^0033
	10	8775	8383	71,712	623	95,6954	^0246
	20	8760	8420	72,182	644	96,0789	^0458
	30	8745	8456	72,652	664	96,4625	^0671
	40	8730	8493	73,121	685	96,8462	^0883
	50	8715	8530	73,591	706	97,2300	^1096
48	0	8700	8566	74,062	727	97,6138	^1309
	10	8686	8603	74,532	748	97,9976	^1521
	20	8671	8640	75,002	769	98,3816	^1734
	30	8656	8676	75,472	789	98,7656	^1947
	40	8641	8713	75,942	810	99,1497	^2160
	50	8626	8750	76,413	831	99,5338	^2373
49	0	8611	8786	76,883	852	99,9180	^2586
	10	8596	8823	77,354	873	^00,3023	^2799
	20	8581	8860	77,824	894	^00,6866	^3012
	30	8566	8897	78,295	915	^01,0711	^3225
	40	8552	8933	78,766	936	^01,4555	^3438
	50	8537	8970	79,236	956	^01,8401	^3651
50	0	8522	9007	79,707	977	^02,2247	^3865
		+3233,	-35,	+45	+126,	^+56	^+124,
'	"	15	37	471	21	3846	214

54°

'	"	15	37	471	21	3846	213
		b_1	b_2	a_1	a_2	l_1	l_2
		+3233,	^-35,	+45	+12	+56	+124,
50	0	8522	^9007	79,707	6,977	02,2247	^3865
	10	8507	^9044	80,178	6,998	02,6093	^4078
	20	8492	^9080	80,649	7,019	02,9941	^4291
	30	8477	^9117	81,120	7,040	03,3789	^4505
	40	8462	^9154	81,591	7,061	03,7638	^4718
	50	8447	^9191	82,062	7,082	04,1487	^4932
51	0	8432	^9227	82,534	7,103	04,5337	^5145
	10	8418	^9264	83,005	7,124	04,9188	^5359
	20	8403	^9301	83,476	7,145	05,3039	^5573
	30	8388	^9338	83,948	7,166	05,6891	^5786
	40	8373	^9375	84,419	7,187	06,0744	^6000
	50	8358	^9411	84,891	7,207	06,4597	^6214
52	0	8343	^9448	85,362	7,228	06,8451	^6428
	10	8328	^9485	85,834	7,249	07,2306	^6642
	20	8313	^9522	86,306	7,270	07,6161	^6856
	30	8299	^9559	86,778	7,291	08,0017	^7070
	40	8284	^9595	87,249	7,312	08,3874	^7284
	50	8269	^9632	87,721	7,333	08,7731	^7498
53	0	8254	^9669	88,193	7,354	09,1589	^7712
	10	8239	^9706	88.665	7,375	09,5448	^7926
	20	8224	^9743	89,138	7,396	09,9307	^8140
	30	8209	^9780	89,610	7,417	10,3167	^8355
	40	8194	^9817	90,082	7,438	10,7028	^8569
	50	8179	^9853	90,554	7,459	11,0889	^8783
54	0	8165	^9890	91,027	7,480	11,4751	^8998
	10	8150	^9927	91,499	7,501	11,8613	^9212
	20	8135	^9964	91,972	7,522	12,2477	^9427
	30	8120	0001	92,444	7,543	12,6341	^9642
	40	8105	0038	92,917	7,564	13,0205	^9856
	50	8090	0075	93,390	7,585	13,4071	0071
55	0	8075	0112	93,862	7,606	13,7937	0286
	10	8060	0148	94,335	7,627	14,1803	0501
	20	8046	0185	94,808	7,649	14,5671	0715
	30	8031	0222	95,281	7,670	14,9538	0930
	40	8016	0259	95,754	7,691	15,3407	1145
	50	8001	0296	96,227	7,712	15,7276	1360
56	0	7986	0333	96,701	7,733	16,1146	1575
	10	7971	0370	97,174	7,754	16,5017	1791
	20	7956	0407	97,647	7,775	16,8888	2006
	30	7941	0444	98,120	7,796	17,2760	2221
	40	7927	0481	98,594	7,817	17,6633	2436
	50	7912	0518	99,067	7,838	18,0506	2652
57	0	7897	0555	99,541	7,859	18,4380	2867
	10	7882	0592	^00,015	7,880	18,8255	3082
	20	7867	0629	^00,488	7,902	19,2130	3298
	30	7852	0666	^00,962	7,923	19,6006	3513
	40	7837	0703	^01,436	7,944	19,9883	3729
	50	7823	0740	^01,910	7,965	20,3760	3945
58	0	7808	0777	^02,384	7,986	20,7638	4160
	10	7793	0814	^02,858	8,007	21,1517	4376
	20	7778	0851	^03,332	8,028	21,5396	4592
	30	7763	0888	^03,806	8,049	21,9276	4808
	40	7748	0925	^04,280	8,071	22,3157	5023
	50	7733	0962	^04,755	8,092	22,7038	5239
59	0	7719	0999	^05,229	8,113	23,0920	5455
	10	7704	1036	^05,703	8,134	23,4803	5671
	20	7689	1073	^06,178	8,155	23,8686	5887
	30	7674	1110	^06,652	8,177	24,2570	6104
	40	7659	1147	^07,127	8,198	24,6455	6320
	50	7644	1184	^07,602	8,219	25,0340	6536
60	0	7629	1221	^08,076	8,240	25,4226	6752
		+3233,	-36,	^+46	+12	+56	+125,
'	"	15	37	474	21	3886	216

55°

'	"	b_1	b_2	a_1	a_2	l_1	l_2
		14	37	475	21	3887	217
		+3233,	-36,	+46	+128,	+56	^+125,
0	0	7629	1221	08,076	240	25,4226	^6752
	10	7615	1258	08,551	261	25,8113	^6969
	20	7600	1295	09,026	282	26,2000	^7185
	30	7585	1332	09,501	304	26,5888	^7401
	40	7570	1369	09,976	325	26,9777	^7618
	50	7555	1406	10,451	346	27,3666	^7834
1	0	7540	1443	10,926	367	27,7556	^8051
	10	7525	1480	11,401	389	28,1447	^8268
	20	7511	1517	11,877	410	28,5338	^8484
	30	7496	1554	12,352	431	28,9230	^8701
	40	7481	1592	12,828	452	29,3123	^8918
	50	7466	1629	13,303	474	29,7016	^9135
2	0	7451	1666	13,779	495	30,0910	^9352
	10	7436	1703	14,254	516	30,4805	^9569
	20	7421	1740	14,730	537	30,8701	^9786
	30	7407	1777	15,206	559	31,2597	0003
	40	7392	1814	15,681	580	31,6493	0220
	50	7377	1851	16,157	601	32,0391	0437
3	0	7362	1889	16,633	622	32,4289	0654
	10	7347	1926	17,109	644	32,8188	0871
	20	7332	1963	17,585	665	33,2087	1089
	30	7317	2000	18,061	686	33,5987	1306
	40	7303	2037	18,538	708	33,9888	1523
	50	7288	2074	19,014	729	34,3790	1741
4	0	7273	2111	19,490	750	34,7692	1958
	10	7258	2149	19,967	772	35,1595	2176
	20	7243	2186	20,443	793	35,5498	2394
	30	7228	2223	20,920	814	35,9402	2611
	40	7214	2260	21,396	836	36,3307	2829
	50	7199	2297	21,873	857	36,7213	3047
5	0	7184	2335	22,350	878	37,1119	3265
	10	7169	2372	22,826	900	37,5026	3482
	20	7154	2409	23,303	921	37,8933	3700
	30	7139	2446	23,780	942	38,2841	3918
	40	7124	2483	24,257	964	38,6750	4136
	50	7110	2521	24,734	985	39,0660	4354
6	0	7095	2558	25,211	^007	39,4570	4572
	10	7080	2595	25,688	^028	39,8481	4791
	20	7065	2632	26,166	^049	40,2393	5009
	30	7050	2670	26,643	^071	40,6305	5227
	40	7035	2707	27,120	^092	41,0218	5446
	50	7021	2744	27,598	^114	41,4132	5664
7	0	7006	2781	28,075	^135	41,8046	5882
	10	6991	2819	28,553	^156	42,1961	6101
	20	6976	2856	29,031	^178	42,5877	6319
	30	6961	2893	29,508	^199	42,9793	6538
	40	6946	2931	29,986	^221	43,3710	6757
	50	6932	2968	30,464	^242	43,7628	6975
8	0	6917	3005	30,942	^264	44,1546	7194
	10	6902	3042	31,420	^285	44,5465	7413
	20	6887	3080	31,898	^306	44,9385	7632
	30	6872	3117	32,376	^328	45,3305	7851
	40	6857	3154	32,854	^349	45,7226	8069
	50	6843	3192	33,333	^371	46,1148	8288
9	0	6828	3229	33,811	^392	46,5071	8508
	10	6813	3266	34,289	^414	46,8994	8727
	20	6798	3304	34,768	^435	47,2918	8946
	30	6783	3341	35,246	^457	47,6842	9165
	40	6768	3378	35,725	^478	48,0767	9384
	50	6754	3416	36,203	^500	48,4693	9604
10	0	6739	3453	36,682	^521	48,8620	9823
		+3233,	-36,	+46	^+129,	+56	+126,
'	"	15	37	479	21	3927	219

55°

'	"	b_1	b_2	a_1	a_2	l_1	l_2
		15	37	479	22	3927	219
		+3233,	-36,	+46	^+129,	+56	+12
10	0	6739	3453	36,682	^521	48,8620	6,9823
	10	6724	3490	37,161	^543	49,2547	7,0042
	20	6709	3528	37,640	^564	49,6475	7,0262
	30	6694	3565	38,119	^586	50,0403	7,0481
	40	6680	3603	38,598	^607	50,4333	7,0701
	50	6665	3640	39,077	^629	50,8263	7,0920
11	0	6650	3677	39,556	^650	51,2193	7,1140
	10	6635	3715	40,035	^672	51,6124	7,1360
	20	6620	3752	40,514	^693	52,0056	7,1580
	30	6605	3790	40,994	^715	52,3989	7,1799
	40	6591	3827	41,473	^737	52,7922	7,2019
	50	6576	3864	41,952	^758	53,1856	7,2239
12	0	6561	3902	42,432	^780	53,5791	7,2459
	10	6546	3939	42,912	^801	53,9727	7,2679
	20	6531	3977	43,391	^823	54,3663	7,2899
	30	6516	4014	43,871	^844	54,7599	7,3120
	40	6502	4052	44,351	^866	55,1537	7,3340
	50	6487	4089	44,831	^888	55,5475	7,3560
13	0	6472	4126	45,311	^909	55,9414	7,3780
	10	6457	4164	45,791	^931	56,3353	7,4001
	20	6442	4201	46,271	^952	56,7293	7,4221
	30	6428	4239	46,751	^974	57,1234	7,4441
	40	6413	4276	47,231	^996	57,5176	7,4662
	50	6398	4314	47,711	017	57,9118	7,4883
14	0	6383	4351	48,191	039	58,3061	7,5103
	10	6368	4389	48,672	061	58,7004	7,5324
	20	6354	4426	49,152	082	59,0949	7,5545
	30	6339	4464	49,633	104	59,4894	7,5765
	40	6324	4501	50,113	126	59,8839	7,5986
	50	6309	4539	50,594	147	60,2786	7,6207
15	0	6294	4576	51,075	169	60,6733	7,6428
	10	6279	4614	51,556	191	61,0680	7,6649
	20	6265	4651	52,037	212	61,4629	7,6870
	30	6250	4689	52,517	234	61,8578	7,7091
	40	6235	4726	52,998	256	62,2528	7,7312
	50	6220	4764	53,480	277	62,6478	7,7533
16	0	6205	4802	53,961	299	63,0429	7,7755
	10	6191	4839	54,442	321	63,4381	7,7976
	20	6176	4877	54,923	342	63,8333	7,8197
	30	6161	4914	55,404	364	64,2287	7,8419
	40	6146	4952	55,886	386	64,6241	7,8640
	50	6131	4989	56,367	408	65,0195	7,8861
17	0	6117	5027	56,849	429	65,4150	7,9083
	10	6102	5064	57,330	451	65,8106	7,9305
	20	6087	5102	57,812	473	66,2063	7,9526
	30	6072	5140	58,294	494	66,6020	7,9748
	40	6057	5177	58,776	516	66,9978	7,9970
	50	6043	5215	59,258	538	67,3937	8,0192
18	0	6028	5252	59,739	560	67,7896	8,0413
	10	6013	5290	60,221	581	68,1856	8,0635
	20	5998	5328	60,704	603	68,5817	8,0857
	30	5983	5365	61,186	625	68,9778	8,1079
	40	5969	5403	61,668	647	69,3741	8,1301
	50	5954	5441	62,150	669	69,7703	8,1524
19	0	5939	5478	62,633	690	70,1667	8,1746
	10	5924	5516	63,115	712	70,5631	8,1968
	20	5909	5554	63,597	734	70,9596	8,2190
	30	5895	5591	64,080	756	71,3561	8,2413
	40	5880	5629	64,563	778	71,7528	8,2635
	50	5865	5667	65,045	799	72,1495	8,2857
20	0	5850	5704	65,528	821	72,5462	8,3080
		+3233,	-36,	+46	+130,	+56	+12
'	"	15	37	483	22	3967	223

55°

'	"	15	38	483	22	3969	222
		b_1	b_2	a_1	a_2	l_1	l_2
		+3233,	-36,	+46	+13	+56	+128,
20	0	5850	5704	65,528	0,821	72,5462	3080
	10	5835	5742	66,011	0,843	72,9431	3302
	20	5821	5780	66,494	0,865	73,3400	3525
	30	5806	5817	66,977	0,887	73,7369	3748
	40	5791	5855	67,460	0,909	74,1340	3970
	50	5776	5893	67,943	0,930	74,5311	4193
21	0	5761	5930	68,426	0,952	74,9283	4416
	10	5747	5968	68,909	0,974	75,3255	4639
	20	5732	6006	69,392	0,996	75,7228	4862
	30	5717	6043	69,876	1,018	76,1202	5085
	40	5702	6081	70,359	1,040	76,5177	5308
	50	5688	6119	70,843	1,062	76,9152	5531
22	0	5673	6157	71,326	1,084	77,3128	5754
	10	5658	6194	71,810	1,105	77,7104	5977
	20	5643	6232	72,294	1,127	78,1082	6200
	30	5628	6270	72,777	1,149	78,5060	6424
	40	5614	6308	73,261	1,171	78,9038	6647
	50	5599	6345	73,745	1,193	79,3018	6870
23	0	5584	6383	74,229	1,215	79,6998	7094
	10	5569	6421	74,713	1,237	80,0979	7317
	20	5554	6459	75,197	1,259	80,4960	7541
	30	5540	6497	75,681	1,281	80,8942	7765
	40	5525	6534	76,166	1,303	81,2925	7988
	50	5510	6572	76,650	1,325	81,6909	8212
24	0	5495	6610	77,134	1,347	82,0893	8436
	10	5481	6648	77,619	1,369	82,4878	8660
	20	5466	6686	78,103	1,390	82,8863	8883
	30	5451	6723	78,588	1,412	83,2850	9107
	40	5436	6761	79,073	1,434	83,6837	9331
	50	5421	6799	79,557	1,456	84,0825	9555
25	0	5407	6837	80,042	1,478	84,4813	9779
	10	5392	6875	80,527	1,500	84,8802	^0004
	20	5377	6913	81,012	1,522	85,2792	^0228
	30	5362	6950	81,497	1,544	85,6782	^0452
	40	5348	6988	81,982	1,566	86,0774	^0676
	50	5333	7026	82,467	1,588	86,4765	^0901
26	0	5318	7064	82,952	1,610	86,8758	^1125
	10	5303	7102	83,437	1,632	87,2751	^1350
	20	5288	7140	83,923	1,654	87,6745	^1574
	30	5274	7178	84,408	1,676	88,0740	^1799
	40	5259	7215	84,894	1,698	88,4735	^2023
	50	5244	7253	85,379	1,721	88,8731	^2248
27	0	5229	7291	85,865	1,743	89,2728	^2473
	10	5215	7329	86,350	1,765	89,6726	^2697
	20	5200	7367	86,836	1,787	90,0724	^2922
	30	5185	7405	87,322	1,809	90,4722	^3147
	40	5170	7443	87,808	1,831	90,8722	^3372
	50	5156	7481	88,294	1,853	91,2722	^3597
28	0	5141	7519	88,780	1,875	91,6723	^3822
	10	5126	7557	89,266	1,897	92,0725	^4047
	20	5111	7595	89,752	1,919	92,4727	^4272
	30	5096	7633	90,238	1,941	92,8730	^4498
	40	5082	7670	90,725	1,963	93,2734	^4723
	50	5067	7708	91,211	1,985	93,6738	^4948
29	0	5052	7746	91,697	2,008	94,0744	^5174
	10	5037	7784	92,184	2,030	94,4749	^5399
	20	5023	7822	92,670	2,052	94,8756	^5625
	30	5008	7860	93,157	2,074	95,2763	^5850
	40	4993	7898	93,644	2,096	95,6771	^6076
	50	4978	7936	94,131	2,118	96,0780	^6301
30	0	4964	7974	94,617	2,140	96,4789	^6527
		+3233,	-36,	+46	+13	+56	^+129,
'	"	14	38	486	22	4009	226

55°

'	"	15	38	487	23	4010	226
		b_1	b_2	a_1	a_2	l_1	l_2
		+3233,	-36,	^+46	+132,	^+56	^+12
30	0	4964	7974	^94,617	140	^96,4789	^9,6527
	10	4949	8012	^95,104	163	^96,8799	^9,6753
	20	4934	8050	^95,591	185	^97,2810	^9,6979
	30	4919	8088	^96,078	207	^97,6821	^9,7204
	40	4905	8126	^96,565	229	^98,0833	^9,7430
	50	4890	8164	^97,053	251	^98,4846	^9,7656
31	0	4875	8202	^97,540	273	^98,8860	^9,7882
	10	4860	8240	^98,027	296	^99,2874	^9,8108
	20	4845	8278	^98,515	318	^99,6889	^9,8335
	30	4831	8316	^99,002	340	00,0904	^9,8561
	40	4816	8354	^99,490	362	00,4921	^9,8787
	50	4801	8393	^99,977	384	00,8938	^9,9013
32	0	4786	8431	00,465	407	01,2956	^9,9240
	10	4772	8469	00,953	429	01,6974	^9,9466
	20	4757	8507	01,440	451	02,0993	^9,9692
	30	4742	8545	01,928	473	02,5013	^9,9919
	40	4727	8583	02,416	495	02,9033	0,0145
	50	4713	8621	02,904	518	03,3055	0,0372
33	0	4698	8659	03,392	540	03,7077	0,0599
	10	4683	8697	03,880	562	04,1099	0,0825
	20	4668	8735	04,369	584	04,5123	0,1052
	30	4654	8773	04,857	607	04,9147	0,1279
	40	4639	8811	05,345	629	05,3172	0,1506
	50	4624	8850	05,834	651	05,7197	0,1733
34	0	4609	8888	06,322	673	06,1223	0,1960
	10	4595	8926	06,811	696	06,5250	0,2187
	20	4580	8964	07,299	718	06,9278	0,2414
	30	4565	9002	07,788	740	07,3306	0,2641
	40	4550	9040	08,277	763	07,7335	0,2868
	50	4536	9078	08,766	785	08,1365	0,3096
35	0	4521	9117	09,255	807	08,5395	0,3323
	10	4506	9155	09,744	830	08,9426	0,3550
	20	4491	9193	10,233	852	09,3458	0,3778
	30	4477	9231	10,722	874	09,7490	0,4005
	40	4462	9269	11,211	897	10,1524	0,4233
	50	4447	9307	11,700	919	10,5558	0,4460
36	0	4433	9346	12,190	941	10,9592	0,4688
	10	4418	9384	12,679	964	11,3627	0,4916
	20	4403	9422	13,168	986	11,7664	0,5143
	30	4388	9460	13,658	^008	12,1700	0,5371
	40	4374	9498	14,148	^031	12,5738	0,5599
	50	4359	9537	14,637	^053	12,9776	0,5827
37	0	4344	9575	15,127	^075	13,3815	0,6055
	10	4329	9613	15,617	^098	13,7854	0,6283
	20	4315	9651	16,107	^120	14,1895	0,6511
	30	4300	9689	16,597	^143	14,5936	0,6739
	40	4285	9728	17,087	^165	14,9977	0,6967
	50	4270	9766	17,577	^187	15,4020	0,7196
38	0	4256	9804	18,067	^210	15,8063	0,7424
	10	4241	9842	18,557	^232	16,2107	0,7652
	20	4226	9881	19,047	^255	16,6151	0,7881
	30	4211	9919	19,538	^277	17,0196	0,8109
	40	4197	9957	20,028	^299	17,4242	0,8338
	50	4182	9996	20,519	^322	17,8289	0,8566
39	0	4167	^0034	21,009	^344	18,2336	0,8795
	10	4153	^0072	21,500	^367	18,6384	0,9024
	20	4138	^0110	21,991	^389	19,0433	0,9252
	30	4123	^0149	22,481	^412	19,4483	0,9481
	40	4108	^0187	22,972	^434	19,8533	0,9710
	50	4094	^0225	23,463	^457	20,2584	0,9939
40	0	4079	^0264	23,954	^479	20,6635	1,0168
		+3233,	^-37,	+47	^+133,	+57	+13
'	"	15	39	491	22	4051	229

55°

'	"	15	38	491	22	4053	229
		b_1	b_2	a_1	a_2	l_1	l_2
		+3233,	-37,	+47	+133,	+57	+131,
40	0	4079	0264	23,954	ˆ479	20,6635	0168
	10	4064	0302	24,445	ˆ501	21,0688	0397
	20	4049	0340	24,936	ˆ524	21,4741	0626
	30	4035	0379	25,427	ˆ546	21,8794	0855
	40	4020	0417	25,919	ˆ569	22,2849	1084
	50	4005	0455	26,410	ˆ591	22,6904	1313
41	0	3991	0494	26,901	ˆ614	23,0960	1543
	10	3976	0532	27,393	ˆ636	23,5017	1772
	20	3961	0570	27,885	ˆ659	23,9074	2001
	30	3946	0609	28,376	ˆ682	24,3132	2231
	40	3932	0647	28,868	ˆ704	24,7191	2460
	50	3917	0685	29,360	ˆ727	25,1250	2690
42	0	3902	0724	29,851	ˆ749	25,5310	2920
	10	3887	0762	30,343	ˆ772	25,9371	3149
	20	3873	0801	30,835	ˆ794	26,3433	3379
	30	3858	0839	31,327	ˆ817	26,7495	3609
	40	3843	0877	31,819	ˆ839	27,1558	3839
	50	3829	0916	32,312	ˆ862	27,5622	4069
43	0	3814	0954	32,804	ˆ884	27,9686	4298
	10	3799	0993	33,296	ˆ907	28,3751	4528
	20	3784	1031	33,789	ˆ930	28,7817	4759
	30	3770	1069	34,281	ˆ952	29,1884	4989
	40	3755	1108	34,774	ˆ975	29,5951	5219
	50	3740	1146	35,266	ˆ997	30,0019	5449
44	0	3726	1185	35,759	020	30,4088	5679
	10	3711	1223	36,252	043	30,8157	5910
	20	3696	1262	36,744	065	31,2227	6140
	30	3681	1300	37,237	088	31,6298	6370
	40	3667	1339	37,730	111	32,0370	6601
	50	3652	1377	38,223	133	32,4442	6832
45	0	3637	1416	38,716	156	32,8515	7062
	10	3623	1454	39,209	178	33,2589	7293
	20	3608	1493	39,703	201	33,6663	7524
	30	3593	1531	40,196	224	34,0738	7754
	40	3578	1570	40,689	246	34,4814	7985
	50	3564	1608	41,183	269	34,8890	8216
46	0	3549	1647	41,676	292	35,2968	8447
	10	3534	1685	42,170	314	35,7046	8678
	20	3520	1724	42,663	337	36,1125	8909
	30	3505	1762	43,157	360	36,5204	9140
	40	3490	1801	43,651	382	36,9284	9371
	50	3476	1839	44,145	405	37,3365	9603
47	0	3461	1878	44,639	428	37,7447	9834
	10	3446	1916	45,133	451	38,1529	ˆ0065
	20	3431	1955	45,627	473	38,5612	ˆ0297
	30	3417	1993	46,121	496	38,9696	ˆ0528
	40	3402	2032	46,615	519	39,3780	ˆ0759
	50	3387	2071	47,110	542	39,7865	ˆ0991
48	0	3373	2109	47,604	564	40,1951	ˆ1223
	10	3358	2148	48,098	587	40,6038	ˆ1454
	20	3343	2186	48,593	610	41,0125	ˆ1686
	30	3329	2225	49,087	633	41,4213	ˆ1918
	40	3314	2264	49,582	655	41,8302	ˆ2150
	50	3299	2302	50,077	678	42,2391	ˆ2381
49	0	3284	2341	50,571	701	42,6482	ˆ2613
	10	3270	2379	51,066	724	43,0572	ˆ2845
	20	3255	2418	51,561	746	43,4664	ˆ3077
	30	3240	2457	52,056	769	43,8756	ˆ3310
	40	3226	2495	52,551	792	44,2850	ˆ3542
	50	3211	2534	53,046	815	44,6943	ˆ3774
50	0	3196	2573	53,542	838	45,1038	ˆ4006
		+3233,	-37,	+47	+134,	+57	+132,
'	"	ʺ15	39	496	23	4095	232

55°

'	"	14	38	495	22	4095	233
		b_1	b_2	a_1	a_2	l_1	l_2
		+3233,	-37,	+47	+13	+57	ˆ+132,
50	0	3196	2573	53,542	4,838	45,1038	ˆ4006
	10	3182	2611	54,037	4,860	45,5133	ˆ4239
	20	3167	2650	54,532	4,883	45,9229	ˆ4471
	30	3152	2688	55,028	4,906	46,3326	ˆ4703
	40	3137	2727	55,523	4,929	46,7423	ˆ4936
	50	3123	2766	56,019	4,952	47,1521	ˆ5169
51	0	3108	2804	56,514	4,975	47,5620	ˆ5401
	10	3093	2843	57,010	4,997	47,9720	ˆ5634
	20	3079	2882	57,506	5,020	48,3820	ˆ5867
	30	3064	2921	58,002	5,043	48,7921	ˆ6099
	40	3049	2959	58,498	5,066	49,2023	ˆ6332
	50	3035	2998	58,994	5,089	49,6125	ˆ6565
52	0	3020	3037	59,490	5,112	50,0228	ˆ6798
	10	3005	3075	59,986	5,135	50,4332	ˆ7031
	20	2991	3114	60,482	5,158	50,8437	ˆ7264
	30	2976	3153	60,978	5,180	51,2542	ˆ7497
	40	2961	3192	61,474	5,203	51,6648	ˆ7730
	50	2947	3230	61,971	5,226	52,0755	ˆ7964
53	0	2932	3269	62,467	5,249	52,4863	ˆ8197
	10	2917	3308	62,964	5,272	52,8971	ˆ8430
	20	2902	3347	63,461	5,295	53,3080	ˆ8664
	30	2888	3385	63,957	5,318	53,7190	ˆ8897
	40	2873	3424	64,454	5,341	54,1300	ˆ9131
	50	2858	3463	64,951	5,364	54,5411	ˆ9364
54	0	2844	3502	65,448	5,387	54,9523	ˆ9598
	10	2829	3540	65,945	5,410	55,3636	ˆ9832
	20	2814	3579	66,442	5,433	55,7749	0065
	30	2800	3618	66,939	5,456	56,1863	0299
	40	2785	3657	67,436	5,479	56,5978	0533
	50	2770	3696	67,933	5,501	57,0093	0767
55	0	2756	3734	68,431	5,524	57,4209	1001
	10	2741	3773	68,928	5,547	57,8326	1235
	20	2726	3812	69,426	5,570	58,2444	1469
	30	2712	3851	69,923	5,593	58,6562	1703
	40	2697	3890	70,421	5,616	59,0681	1937
	50	2682	3929	70,918	5,639	59,4801	2171
56	0	2668	3967	71,416	5,662	59,8922	2406
	10	2653	4006	71,914	5,685	60,3043	2640
	20	2638	4045	72,412	5,708	60,7165	2875
	30	2624	4084	72,910	5,732	61,1288	3109
	40	2609	4123	73,408	5,755	61,5411	3344
	50	2594	4162	73,906	5,778	61,9536	3578
57	0	2580	4201	74,404	5,801	62,3660	3813
	10	2565	4239	74,902	5,824	62,7786	4048
	20	2550	4278	75,401	5,847	63,1912	4282
	30	2536	4317	75,899	5,870	63,6040	4517
	40	2521	4356	76,398	5,893	64,0167	4752
	50	2506	4395	76,896	5,916	64,4296	4987
58	0	2492	4434	77,395	5,939	64,8425	5222
	10	2477	4473	77,893	5,962	65,2555	5457
	20	2462	4512	78,392	5,985	65,6686	5692
	30	2448	4551	78,891	6,008	66,0818	5927
	40	2433	4590	79,390	6,031	66,4950	6162
	50	2418	4629	79,889	6,055	66,9083	6398
59	0	2404	4667	80,388	6,078	67,3216	6633
	10	2389	4706	80,887	6,101	67,7351	6868
	20	2374	4745	81,386	6,124	68,1486	7104
	30	2360	4784	81,886	6,147	68,5622	7339
	40	2345	4823	82,385	6,170	68,9758	7575
	50	2330	4862	82,884	6,193	69,3896	7811
60	0	2316	4901	83,384	6,216	69,8034	8046
		+3233,	-37,	+47	+13	+57	+133,
'	"	14	39	500	23	4138	235

56°

'	"	15	39	499	24	4139	236
		b_1	b_2	a_1	a_2	l_1	l_2
		+3233,	-37,	+47	+136,	+57	+13
0	0	2316	4901	83,384	216	69,8034	3,8046
	10	2301	4940	83,883	240	70,2173	3,8282
	20	2286	4979	84,383	263	70,6312	3,8518
	30	2272	5018	84,883	286	71,0452	3,8754
	40	2257	5057	85,382	309	71,4593	3,8989
	50	2242	5096	85,882	332	71,8735	3,9225
1	0	2228	5135	86,382	355	72,2877	3,9461
	10	2213	5174	86,882	379	72,7021	3,9697
	20	2198	5213	87,382	402	73,1164	3,9934
	30	2184	5252	87,882	425	73,5309	4,0170
	40	2169	5291	88,382	448	73,9454	4,0406
	50	2154	5330	88,883	471	74,3601	4,0642
2	0	2140	5369	89,383	495	74,7747	4,0879
	10	2125	5408	89,884	518	75,1895	4,1115
	20	2110	5448	90,384	541	75,6043	4,1352
	30	2096	5487	90,885	564	76,0192	4,1588
	40	2081	5526	91,385	588	76,4342	4,1825
	50	2067	5565	91,886	611	76,8493	4,2061
3	0	2052	5604	92,387	634	77,2644	4,2298
	10	2037	5643	92,887	657	77,6796	4,2535
	20	2023	5682	93,388	681	78,0948	4,2772
	30	2008	5721	93,889	704	78,5102	4,3008
	40	1993	5760	94,390	727	78,9256	4,3245
	50	1979	5799	94,892	751	79,3411	4,3482
4	0	1964	5838	95,393	774	79,7567	4,3719
	10	1949	5878	95,894	797	80,1723	4,3957
	20	1935	5917	96,395	820	80,5880	4,4194
	30	1920	5956	96,897	844	81,0038	4,4431
	40	1905	5995	97,398	867	81,4197	4,4668
	50	1891	6034	97,900	890	81,8356	4,4906
5	0	1876	6073	98,402	914	82,2516	4,5143
	10	1861	6112	98,903	937	82,6677	4,5380
	20	1847	6151	99,405	960	83,0838	4,5618
	30	1832	6191	99,907	984	83,5001	4,5855
	40	1818	6230	ˆ00,409	ˆ007	83,9164	4,6093
	50	1803	6269	ˆ00,911	ˆ030	84,3327	4,6331
6	0	1788	6308	ˆ01,413	ˆ054	84,7492	4,6569
	10	1774	6347	ˆ01,915	ˆ077	85,1657	4,6806
	20	1759	6387	ˆ02,417	ˆ100	85,5823	4,7044
	30	1744	6426	ˆ02,920	ˆ124	85,9990	4,7282
	40	1730	6465	ˆ03,422	ˆ147	86,4157	4,7520
	50	1715	6504	ˆ03,924	ˆ171	86,8325	4,7758
7	0	1700	6543	ˆ04,427	ˆ194	87,2494	4,7996
	10	1686	6583	ˆ04,929	ˆ217	87,6664	4,8234
	20	1671	6622	ˆ05,432	ˆ241	88,0834	4,8472
	30	1657	6661	ˆ05,935	ˆ264	88,5005	4,8711
	40	1642	6700	ˆ06,438	ˆ288	88,9177	4,8949
	50	1627	6740	ˆ06,940	ˆ311	89,3350	4,9187
8	0	1613	6779	ˆ07,443	ˆ334	89,7523	4,9426
	10	1598	6818	ˆ07,946	ˆ358	90,1697	4,9664
	20	1583	6857	ˆ08,450	ˆ381	90,5872	4,9903
	30	1569	6897	ˆ08,953	ˆ405	91,0047	5,0142
	40	1554	6936	ˆ09,456	ˆ428	91,4224	5,0380
	50	1540	6975	ˆ09,959	ˆ452	91,8401	5,0619
9	0	1525	7014	ˆ10,463	ˆ475	92,2579	5,0858
	10	1510	7054	ˆ10,966	ˆ499	92,6757	5,1097
	20	1496	7093	ˆ11,470	ˆ522	93,0936	5,1335
	30	1481	7132	ˆ11,973	ˆ546	93,5116	5,1574
	40	1466	7172	ˆ12,477	ˆ569	93,9297	5,1813
	50	1452	7211	ˆ12,981	ˆ593	94,3479	5,2052
10	0	1437	7250	ˆ13,484	ˆ616	94,7661	5,2292
		+3233,	-37,	ˆ+48	ˆ+137,	+57	+13
'	"	15	39	503	23	4182	240

56°

'	"	15	39	504	24	4183	239
		b_1	b_2	a_1	a_2	l_1	l_2
		+3233,	-37,	+48	+13	ˆ+57	+135,
10	0	1437	7250	13,484	7,616	ˆ94,7661	2292
	10	1422	7289	13,988	7,640	ˆ95,1844	2531
	20	1408	7329	14,492	7,663	ˆ95,6027	2770
	30	1393	7368	14,996	7,687	ˆ96,0212	3009
	40	1379	7407	15,500	7,710	ˆ96,4397	3249
	50	1364	7447	16,005	7,734	ˆ96,8583	3488
11	0	1349	7486	16,509	7,757	ˆ97,2770	3728
	10	1335	7526	17,013	7,781	ˆ97,6957	3967
	20	1320	7565	17,518	7,804	ˆ98,1145	4207
	30	1306	7604	18,022	7,828	ˆ98,5334	4446
	40	1291	7644	18,527	7,851	ˆ98,9524	4686
	50	1276	7683	19,031	7,875	ˆ99,3714	4926
12	0	1262	7722	19,536	7,898	ˆ99,7905	5166
	10	1247	7762	20,041	7,922	00,2097	5406
	20	1232	7801	20,545	7,946	00,6290	5646
	30	1218	7841	21,050	7,969	01,0483	5886
	40	1203	7880	21,555	7,993	01,4677	6126
	50	1189	7919	22,060	8,016	01,8872	6366
13	0	1174	7959	22,566	8,040	02,3068	6606
	10	1159	7998	23,071	8,064	02,7264	6846
	20	1145	8038	23,576	8,087	03,1461	7086
	30	1130	8077	24,081	8,111	03,5659	7327
	40	1116	8117	24,587	8,134	03,9858	7567
	50	1101	8156	25,092	8,158	04,4057	7808
14	0	1086	8195	25,598	8,182	04,8257	8048
	10	1072	8235	26,103	8,205	05,2458	8289
	20	1057	8274	26,609	8,229	05,6659	8529
	30	1042	8314	27,115	8,253	06,0862	8770
	40	1028	8353	27,621	8,276	06,5065	9011
	50	1013	8393	28,127	8,300	06,9268	9252
15	0	0999	8432	28,633	8,324	07,3473	9493
	10	0984	8472	29,139	8,347	07,7678	9734
	20	0969	8511	29,645	8,371	08,1884	ˆ9975
	30	0955	8551	30,151	8,395	08,6091	ˆ0216
	40	0940	8590	30,658	8,418	09,0299	ˆ0457
	50	0926	8630	31,164	8,442	09,4507	ˆ0698
16	0	0911	8669	31,670	8,466	09,8716	ˆ0939
	10	0896	8709	32,177	8,490	10,2926	ˆ1180
	20	0882	8748	32,684	8,513	10,7136	ˆ1422
	30	0867	8788	33,190	8,537	11,1348	ˆ1663
	40	0853	8827	33,697	8,561	11,5560	ˆ1905
	50	0838	8867	34,204	8,585	11,9772	ˆ2146
17	0	0823	8907	34,711	8,608	12,3986	ˆ2388
	10	0809	8946	35,218	8,632	12,8200	ˆ2629
	20	0794	8986	35,725	8,656	13,2415	ˆ2871
	30	0780	9025	36,232	8,680	13,6631	ˆ3113
	40	0765	9065	36,739	8,703	14,0847	ˆ3355
	50	0750	9104	37,246	8,727	14,5065	ˆ3597
18	0	0736	9144	37,754	8,751	14,9283	ˆ3839
	10	0721	9184	38,261	8,775	15,3502	ˆ4081
	20	0707	9223	38,768	8,798	15,7721	ˆ4323
	30	0692	9263	39,276	8,822	16,1941	ˆ4565
	40	0677	9302	39,784	8,846	16,6162	ˆ4807
	50	0663	9342	40,291	8,870	17,0384	ˆ5049
19	0	0648	9382	40,799	8,894	17,4607	ˆ5291
	10	0634	9421	41,307	8,918	17,8830	ˆ5534
	20	0619	9461	41,815	8,941	18,3054	ˆ5776
	30	0604	9501	42,323	8,965	18,7279	ˆ6019
	40	0590	9540	42,831	8,989	19,1504	ˆ6261
	50	0575	9580	43,339	9,013	19,5731	ˆ6504
20	0	0561	9620	43,847	9,037	19,9958	ˆ6747
		+3233,	-37,	+48	+13	+58	ˆ+136,
'	"	14	40	508	24	4227	243

56°

'	"	15	39	509	24	4227	242
		b_1	b_2	a_1	a_2	l_1	l_2
		+3233,	^-37,	+48	+139,	+58	+13
20	0	0561	^9620	43,847	037	19,9958	6,6747
	10	0546	^9659	44,356	061	20,4185	6,6989
	20	0532	^9699	44,864	084	20,8414	6,7232
	30	0517	^9739	45,372	108	21,2643	6,7475
	40	0502	^9778	45,881	132	21,6873	6,7718
	50	0488	^9818	46,390	156	22,1104	6,7961
21	0	0473	^9858	46,898	180	22,5336	6,8204
	10	0459	^9897	47,407	204	22,9568	6,8447
	20	0444	^9937	47,916	228	23,3801	6,8690
	30	0429	^9977	48,425	252	23,8035	6,8933
	40	0415	0016	48,934	276	24,2269	6,9176
	50	0400	0056	49,443	299	24,6505	6,9420
22	0	0386	0096	49,952	323	25,0741	6,9663
	10	0371	0136	50,461	347	25,4978	6,9906
	20	0357	0175	50,970	371	25,9215	7,0150
	30	0342	0215	51,479	395	26,3454	7,0394
	40	0327	0255	51,989	419	26,7693	7,0637
	50	0313	0295	52,498	443	27,1933	7,0881
23	0	0298	0334	53,008	467	27,6173	7,1125
	10	0284	0374	53,518	491	28,0414	7,1368
	20	0269	0414	54,027	515	28,4657	7,1612
	30	0254	0454	54,537	539	28,8899	7,1856
	40	0240	0493	55,047	563	29,3143	7,2100
	50	0225	0533	55,557	587	29,7388	7,2344
24	0	0211	0573	56,067	611	30,1633	7,2588
	10	0196	0613	56,577	635	30,5879	7,2832
	20	0182	0653	57,087	659	31,0125	7,3076
	30	0167	0693	57,597	683	31,4373	7,3321
	40	0152	0732	58,108	707	31,8621	7,3565
	50	0138	0772	58,618	731	32,2870	7,3809
25	0	0123	0812	59,128	755	32,7119	7,4054
	10	0109	0852	59,639	779	33,1370	7,4298
	20	0094	0892	60,150	803	33,5621	7,4543
	30	0080	0932	60,660	827	33,9873	7,4788
	40	0065	0971	61,171	851	34,4126	7,5032
	50	0050	1011	61,682	875	34,8379	7,5277
26	0	0036	1051	62,193	899	35,2634	7,5522
	10	0021	1091	62,704	924	35,6889	7,5767
	20	0007	1131	63,215	948	36,1144	7,6012
	30	^9992	1171	63,726	972	36,5401	7,6257
	40	^9978	1211	64,237	996	36,9658	7,6502
	50	^9963	1251	64,748	^020	37,3916	7,6747
27	0	^9948	1290	65,260	^044	37,8175	7,6992
	10	^9934	1330	65,771	^068	38,2435	7,7237
	20	^9919	1370	66,282	^092	38,6695	7,7482
	30	^9905	1410	66,794	^116	39,0956	7,7728
	40	^9890	1450	67,306	^140	39,5218	7,7973
	50	^9876	1490	67,817	^165	39,9480	7,8219
28	0	^9861	1530	68,329	^189	40,3744	7,8464
	10	^9847	1570	68,841	^213	40,8008	7,8710
	20	^9832	1610	69,353	^237	41,2273	7,8955
	30	^9817	1650	69,865	^261	41,6538	7,9201
	40	^9803	1690	70,377	^285	42,0805	7,9447
	50	^9788	1730	70,889	^310	42,5072	7,9693
29	0	^9774	1770	71,402	^334	42,9340	7,9939
	10	^9759	1810	71,914	^358	43,3609	8,0185
	20	^9745	1850	72,426	^382	43,7878	8,0431
	30	^9730	1890	72,939	^406	44,2148	8,0677
	40	^9716	1930	73,451	^431	44,6419	8,0923
	50	^9701	1970	73,964	^455	45,0691	8,1169
30	0	^9686	2010	74,477	^479	45,4964	8,1415
		^+3232,	-38,	+48	^+140,	+58	+13
'	"	15	40	513	24	4273	246

56°

'	"	14	40	512	24	4273	247
		b_1	b_2	a_1	a_2	l_1	l_2
		+3232,	-38,	+48	^+140,	+58	+138,
30	0	9686	2010	74,477	^479	45,4964	1415
	10	9672	2050	74,989	^503	45,9237	1662
	20	9657	2090	75,502	^527	46,3511	1908
	30	9643	2130	76,015	^552	46,7786	2154
	40	9628	2170	76,528	^576	47,2061	2401
	50	9614	2210	77,041	^600	47,6338	2647
31	0	9599	2250	77,554	^624	48,0615	2894
	10	9585	2290	78,067	^649	48,4893	3141
	20	9570	2330	78,581	^673	48,9171	3387
	30	9555	2370	79,094	^697	49,3451	3634
	40	9541	2410	79,608	^721	49,7731	3881
	50	9526	2450	80,121	^746	50,2012	4128
32	0	9512	2490	80,635	^770	50,6293	4375
	10	9497	2530	81,148	^794	51,0576	4622
	20	9483	2570	81,662	^819	51,4859	4869
	30	9468	2610	82,176	^843	51,9143	5116
	40	9454	2651	82,690	^867	52,3428	5364
	50	9439	2691	83,204	^892	52,7713	5611
33	0	9425	2731	83,718	^916	53,2000	5858
	10	9410	2771	84,232	^940	53,6287	6107
	20	9395	2811	84,746	^965	54,0575	6353
	30	9381	2851	85,260	^989	54,4863	6601
	40	9366	2891	85,775	013	54,9153	6848
	50	9352	2931	86,289	038	55,3443	7096
34	0	9337	2972	86,804	062	55,7734	7344
	10	9323	3012	87,318	086	56,2025	7591
	20	9308	3052	87,833	111	56,6318	7839
	30	9294	3092	88,348	135	57,0611	8087
	40	9279	3132	88,862	159	57,4905	8335
	50	9265	3172	89,377	184	57,9200	8583
35	0	9250	3213	89,892	208	58,3495	8831
	10	9236	3253	90,407	233	58,7791	9079
	20	9221	3293	90,922	257	59,2089	9327
	30	9206	3333	91,438	281	59,6386	9576
	40	9192	3373	91,953	306	60,0685	9824
	50	9177	3414	92,468	330	60,4984	^0072
36	0	9163	3454	92,984	355	60,9284	^0321
	10	9148	3494	93,499	379	61,3585	^0569
	20	9134	3534	94,015	404	61,7887	^0818
	30	9119	3575	94,530	428	62,2189	^1067
	40	9105	3615	95,046	453	62,6493	^1315
	50	9090	3655	95,562	477	63,0797	^1564
37	0	9076	3695	96,078	502	63,5101	^1813
	10	9061	3736	96,594	526	63,9407	^2062
	20	9047	3776	97,110	550	64,3713	^2311
	30	9032	3816	97,626	575	64,8020	^2560
	40	9018	3856	98,142	599	65,2328	^2809
	50	9003	3897	98,658	624	65,6637	^3058
38	0	8989	3937	99,174	648	66,0946	^3307
	10	8974	3977	99,691	673	66,5256	^3556
	20	8959	4018	^00,207	698	66,9567	^3806
	30	8945	4058	^00,724	722	67,3879	^4055
	40	8930	4098	^01,240	747	67,8191	^4304
	50	8916	4138	^01,757	771	68,2505	^4554
39	0	8901	4179	^02,274	796	68,6819	^4803
	10	8887	4219	^02,791	820	69,1134	^5053
	20	8872	4259	^03,308	845	69,5449	^5303
	30	8858	4300	^03,825	869	69,9765	^5552
	40	8843	4340	^04,342	894	70,4083	^5802
	50	8829	4381	^04,859	919	70,8400	^6052
40	0	8814	4421	^05,376	943	71,2719	^6302
		+3232,	-38,	^+49	+141,	+58	^+139,
'	"	15	40	517	24	4319	250

56°

'	"	b1 (14)	b2 (40)	a1 (517)	a2 (25)	l1 (4320)	l2 (250)
		+3232,	-38,	+49	+14	+58	^+13
40	0	8814	4421	05,376	1,943	71,2719	^9,6302
	10	8800	4461	05,893	1,968	71,7039	^9,6552
	20	8785	4502	06,411	1,992	72,1359	^9,6802
	30	8771	4542	06,928	2,017	72,5680	^9,7052
	40	8756	4582	07,446	2,041	73,0002	^9,7302
	50	8742	4623	07,963	2,066	73,4324	^9,7553
41	0	8727	4663	08,481	2,091	73,8647	^9,7803
	10	8713	4704	08,999	2,115	74,2972	^9,8053
	20	8698	4744	09,517	2,140	74,7296	^9,8304
	30	8684	4784	10,035	2,165	75,1622	^9,8554
	40	8669	4825	10,553	2,189	75,5949	^9,8805
	50	8655	4865	11,071	2,214	76,0276	^9,9055
42	0	8640	4906	11,589	2,239	76,4604	^9,9306
	10	8626	4946	12,107	2,263	76,8933	^9,9557
	20	8611	4987	12,625	2,288	77,3262	^9,9807
	30	8597	5027	13,144	2,313	77,7592	0,0058
	40	8582	5067	13,662	2,337	78,1924	0,0309
	50	8568	5108	14,181	2,362	78,6255	0,0560
43	0	8553	5148	14,699	2,387	79,0588	0,0811
	10	8539	5189	15,218	2,411	79,4921	0,1062
	20	8524	5229	15,737	2,436	79,9256	0,1314
	30	8510	5270	16,256	2,461	80,3591	0,1565
	40	8495	5310	16,775	2,486	80,7926	0,1816
	50	8481	5351	17,294	2,510	81,2263	0,2067
44	0	8466	5391	17,813	2,535	81,6600	0,2319
	10	8452	5432	18,332	2,560	82,0938	0,2570
	20	8437	5472	18,851	2,584	82,5277	0,2822
	30	8423	5513	19,370	2,609	82,9617	0,3073
	40	8408	5553	19,890	2,634	83,3957	0,3325
	50	8394	5594	20,409	2,659	83,8299	0,3577
45	0	8379	5634	20,929	2,684	84,2641	0,3829
	10	8365	5675	21,448	2,708	84,6984	0,4080
	20	8350	5716	21,968	2,733	85,1327	0,4332
	30	8336	5756	22,488	2,758	85,5671	0,4584
	40	8321	5797	23,007	2,783	86,0017	0,4836
	50	8307	5837	23,527	2,808	86,4362	0,5088
46	0	8292	5878	24,047	2,832	86,8709	0,5341
	10	8278	5918	24,567	2,857	87,3057	0,5593
	20	8263	5959	25,088	2,882	87,7405	0,5845
	30	8249	6000	25,608	2,907	88,1754	0,6097
	40	8234	6040	26,128	2,932	88,6104	0,6350
	50	8220	6081	26,648	2,956	89,0454	0,6602
47	0	8205	6121	27,169	2,981	89,4806	0,6855
	10	8191	6162	27,689	3,006	89,9158	0,7108
	20	8176	6203	28,210	3,031	90,3511	0,7360
	30	8162	6243	28,731	3,056	90,7865	0,7613
	40	8147	6284	29,251	3,081	91,2219	0,7866
	50	8133	6325	29,772	3,106	91,6575	0,8119
48	0	8118	6365	30,293	3,131	92,0931	0,8371
	10	8104	6406	30,814	3,155	92,5288	0,8624
	20	8089	6447	31,335	3,180	92,9645	0,8877
	30	8075	6487	31,856	3,205	93,4004	0,9131
	40	8060	6528	32,378	3,230	93,8363	0,9384
	50	8046	6569	32,899	3,255	94,2723	0,9637
49	0	8031	6609	33,420	3,280	94,7084	0,9890
	10	8017	6650	33,942	3,305	95,1445	1,0144
	20	8002	6691	34,463	3,330	95,5808	1,0397
	30	7988	6731	34,985	3,355	96,0171	1,0651
	40	7973	6772	35,507	3,380	96,4535	1,0904
	50	7959	6813	36,028	3,405	96,8900	1,1158
50	0	7944	6853	36,550	3,430	97,3265	1,1411
		+3232,	-38,	+49	+14	+58	+14
'	"	15	40	522	25	4365	253

56°

'	"	b1 (14)	b2 (41)	a1 (522)	a2 (25)	l1 (4366)	l2 (254)
		+3232,	-38,	+49	^+143,	^+58	+141,
50	0	7944	6853	36,550	^430	^97,3265	1411
	10	7930	6894	37,072	^455	^97,7631	1665
	20	7915	6935	37,594	^480	^98,1998	1919
	30	7901	6976	38,116	^505	^98,6366	2173
	40	7886	7016	38,638	^530	^99,0735	2427
	50	7872	7057	39,161	^555	^99,5105	2681
51	0	7857	7098	39,683	^580	^99,9475	2935
	10	7843	7139	40,205	^605	00,3846	3189
	20	7829	7179	40,728	^630	00,8218	3443
	30	7814	7220	41,250	^655	01,2590	3697
	40	7800	7261	41,773	^680	01,6964	3951
	50	7785	7302	42,296	^705	02,1338	4206
52	0	7771	7343	42,818	^730	02,5713	4460
	10	7756	7383	43,341	^755	03,0089	4715
	20	7742	7424	43,864	^780	03,4465	4969
	30	7727	7465	44,387	^805	03,8842	5224
	40	7713	7506	44,910	^830	04,3221	5479
	50	7698	7547	45,433	^855	04,7600	5733
53	0	7684	7587	45,957	^880	05,1979	5988
	10	7669	7628	46,480	^905	05,6360	6243
	20	7655	7669	47,003	^930	06,0741	6498
	30	7640	7710	47,527	^955	06,5123	6753
	40	7626	7751	48,050	^980	06,9506	7008
	50	7611	7792	48,574	006	07,3890	7263
54	0	7597	7833	49,098	031	07,8274	7518
	10	7583	7873	49,621	056	08,2659	7774
	20	7568	7914	50,145	081	08,7045	8029
	30	7554	7955	50,669	106	09,1432	8284
	40	7539	7996	51,193	131	09,5820	8540
	50	7525	8037	51,717	156	10,0208	8795
55	0	7510	8078	52,241	181	10,4598	9051
	10	7496	8119	52,766	207	10,8988	9306
	20	7481	8160	53,290	232	11,3378	9562
	30	7467	8201	53,814	257	11,7770	9818
	40	7452	8242	54,339	282	12,2162	^0074
	50	7438	8283	54,863	307	12,6555	^0330
56	0	7423	8323	55,388	333	13,0949	^0586
	10	7409	8364	55,913	358	13,5344	^0842
	20	7395	8405	56,438	383	13,9740	^1098
	30	7380	8446	56,962	408	14,4136	^1354
	40	7366	8487	57,487	433	14,8533	^1610
	50	7351	8528	58,012	459	15,2931	^1866
57	0	7337	8569	58,538	484	15,7330	^2123
	10	7322	8610	59,063	509	16,1729	^2379
	20	7308	8651	59,588	534	16,6130	^2635
	30	7293	8692	60,113	560	17,0531	^2892
	40	7279	8733	60,639	585	17,4933	^3149
	50	7264	8774	61,164	610	17,9336	^3405
58	0	7250	8815	61,690	635	18,3739	^3662
	10	7236	8856	62,216	661	18,8143	^3919
	20	7221	8897	62,741	686	19,2548	^4176
	30	7207	8938	63,267	711	19,6954	^4433
	40	7192	8979	63,793	736	20,1361	^4689
	50	7178	9020	64,319	762	20,5769	^4947
59	0	7163	9061	64,845	787	21,0177	^5204
	10	7149	9102	65,371	812	21,4586	^5461
	20	7134	9144	65,897	838	21,8996	^5718
	30	7120	9185	66,424	863	22,3406	^5975
	40	7106	9226	66,950	888	22,7818	^6233
	50	7091	9267	67,476	914	23,2230	^6490
60	0	7077	9308	68,003	939	23,6643	^6748
		+3232,	-38,	+49	+144,	+59	^+142,
'	"	14	41	527	25	4413	258

45°

'	0	5	0	0	0	0	0	0	2	0	0	6	18	0	0	0	0	0	'
	b_3	b_4	b_5	b_6	b_7	b_8	b_9	a_3	a_4	a_5	a_6	l_3	l_4	l_5	l_6	l_7	l_8	l_9	
	-	-	+	+	-	+	-	-	+	-	+	-	+	-	+	+	-	+	
0	0,2562	0,5255	0,0000	0,0021	0,0103	0,0001	0,0002	0,396	1,450	0,023	0,029	0,3728	1,4926	0,0234	0,0292	0,0001	0,0009	0,0006	0
1	2562	5260	0	21	103	1	2	396	1,452	23	29	3734	1,4944	234	292	1	9	6	1
2	2562	5264	0	21	103	1	2	397	1,454	23	0,030	3739	1,4961	234	293	1	9	6	2
3	2562	5269	0	21	103	1	2	398	1,456	23	30	3745	1,4979	235	293	1	9	6	3
4	2562	5273	0	21	103	1	2	398	1,458	23	30	3750	1,4996	235	294	1	9	6	4
5	2562	5278	0	21	103	1	2	399	1,459	23	30	3756	1,5013	236	294	1	9	6	5
6	2562	5282	0	21	0,0104	1	2	399	1,461	23	30	3761	1,5031	236	295	1	9	6	6
7	2562	5287	0	21	104	1	2	0,400	1,463	0,024	30	3767	1,5048	236	295	1	9	6	7
8	2562	5292	0	21	104	1	2	400	1,465	24	30	3772	1,5066	237	296	1	9	6	8
9	2562	5296	0	21	104	1	2	401	1,466	24	30	3778	1,5083	237	296	1	0,0010	6	9
10	0,2562	0,5301	0,0000	0,0021	0,0104	0,0001	0,0002	0,401	1,468	0,024	0,030	0,3783	1,5101	0,0238	0,0297	0,0001	0,0010	0,0006	10
11	2562	5306	0	21	104	1	2	402	1,470	24	30	3789	1,5118	238	297	1	10	6	11
12	2562	5310	0	21	104	1	2	402	1,472	24	30	3794	1,5136	239	298	1	10	6	12
13	2562	5315	0	21	104	1	2	403	1,474	24	30	0,3800	1,5154	239	298	1	10	6	13
14	2562	5319	0	21	0,0105	1	2	403	1,475	24	30	3805	1,5171	239	298	1	10	6	14
15	2562	5324	0	21	105	1	2	404	1,477	24	30	3811	1,5189	0,0240	299	1	10	6	15
16	2562	5329	0	21	105	1	2	405	1,479	24	30	3816	1,5207	240	299	1	10	6	16
17	2562	5333	0	21	105	1	2	405	1,481	24	30	3822	1,5225	241	0,0300	1	10	6	17
18	2562	5338	0	21	105	1	2	406	1,483	24	30	3827	1,5242	241	300	1	10	6	18
19	2562	5343	0	21	105	1	2	406	1,484	24	30	3833	1,5260	242	301	1	10	6	19
20	0,2562	0,5347	0,0000	0,0021	0,0105	0,0001	0,0002	0,407	1,486	0,024	0,030	0,3838	1,5278	0,0242	0,0301	0,0001	0,0010	0,0006	20
21	2562	5352	0,0001	21	0,0106	1	2	407	1,488	24	30	3844	1,5296	242	302	1	10	6	21
22	2562	5357	1	21	106	1	2	408	1,490	24	30	3850	1,5314	243	302	1	10	6	22
23	2562	5361	1	21	106	1	2	408	1,492	24	30	3855	1,5332	243	303	1	10	6	23
24	2562	5366	1	21	106	1	2	409	1,493	24	0,031	3861	1,5350	244	303	1	10	6	24
25	2562	5371	1	21	106	1	2	0,410	1,495	24	31	3866	1,5367	244	304	1	10	6	25
26	2562	5375	1	21	106	1	2	410	1,497	24	31	3872	1,5385	244	304	1	10	6	26
27	2562	5380	1	21	106	1	2	411	1,499	24	31	3878	1,5404	245	305	1	10	6	27
28	2562	5385	1	21	0,0107	1	2	411	1,501	24	31	3883	1,5422	245	305	1	10	6	28
29	2562	5390	1	21	107	1	2	412	1,503	24	31	3889	1,5440	246	306	1	10	6	29
30	0,2562	0,5394	0,0001	0,0021	0,0107	0,0001	0,0002	0,412	1,504	0,024	0,031	0,3895	1,5458	0,0246	0,0306	0,0001	0,0010	0,0006	30
31	2562	5399	1	0,0022	107	1	2	413	1,506	0,025	31	0,3900	1,5476	247	307	1	10	6	31
32	2562	0,5404	1	22	107	1	2	413	1,508	25	31	3906	1,5494	247	307	1	10	6	32
33	2562	5409	1	22	107	1	2	414	1,510	25	31	3912	1,5512	247	308	1	10	6	33
34	2562	5413	1	22	107	1	2	415	1,512	25	31	3917	1,5530	248	308	1	10	6	34
35	2562	5418	1	22	107	1	2	415	1,514	25	31	3923	1,5549	248	309	1	10	6	35
36	2562	5423	1	22	0,0108	1	2	416	1,516	25	31	3929	1,5567	249	309	1	10	6	36
37	2561	5428	1	22	108	1	2	416	1,517	25	31	3935	1,5585	249	0,0310	1	10	6	37
38	2561	5432	1	22	108	1	2	417	1,519	25	31	3940	1,5604	0,0250	310	1	10	6	38
39	2561	5437	1	22	108	1	2	417	1,521	25	31	3946	1,5622	250	310	1	10	6	39
40	0,2561	0,5442	0,0001	0,0022	0,0108	0,0001	0,0002	0,418	1,523	0,025	0,031	0,3952	1,5640	0,0251	0,0311	0,0001	0,0010	0,0006	40
41	2561	5447	1	22	108	1	2	419	1,525	25	31	3958	1,5659	251	311	1	10	6	41
42	2561	5452	1	22	108	1	2	419	1,527	25	31	3963	1,5677	251	312	1	10	6	42
43	2561	5456	1	22	0,0109	1	2	0,420	1,529	25	31	3969	1,5696	252	312	1	10	6	43
44	2561	5461	1	22	109	1	2	420	1,531	25	0,032	3975	1,5714	252	313	1	10	6	44
45	2561	5466	1	22	109	1	2	421	1,532	25	32	3981	1,5733	253	313	1	10	6	45
46	2561	5471	1	22	109	1	2	421	1,534	25	32	3987	1,5751	253	314	1	10	6	46
47	2561	5476	1	22	109	1	2	422	1,536	25	32	3992	1,5770	254	314	1	10	6	47
48	2561	5480	1	22	109	1	2	423	1,538	25	32	3998	1,5788	254	315	1	10	6	48
49	2561	5485	1	22	109	1	2	423	1,540	25	32	0,4004	1,5807	255	315	1	10	6	49
50	0,2561	0,5490	0,0001	0,0022	0,0110	0,0001	0,0002	0,424	1,542	0,025	0,032	0,4010	1,5826	0,0255	0,0316	0,0001	0,0010	0,0006	50
51	2561	5495	1	22	110	1	2	424	1,544	25	32	4016	1,5845	255	316	1	10	6	51
52	2561	0,5500	1	22	110	1	2	425	1,546	25	32	4022	1,5863	256	317	1	10	6	52
53	2561	5505	1	22	110	1	2	426	1,548	0,026	32	4028	1,5882	256	317	1	10	6	53
54	2561	5509	1	22	110	1	2	426	1,549	26	32	4034	1,5901	257	318	1	10	6	54
55	2561	5514	1	22	110	1	2	427	1,551	26	32	4039	1,5920	257	318	1	10	0,0007	55
56	2561	5519	1	22	110	1	2	427	1,553	26	32	4045	1,5938	258	319	1	0,0011	7	56
57	2560	5524	1	22	0,0111	1	2	428	1,555	26	32	4051	1,5957	258	0,0320	1	11	7	57
58	2560	5529	1	22	111	1	2	428	1,557	26	32	4057	1,5976	259	320	1	11	7	58
59	2560	5534	1	22	111	1	2	429	1,559	26	32	4063	1,5995	259	321	1	11	7	59
60	0,2560	0,5539	0,0001	0,0022	0,0111	0,0001	0,0002	0,430	1,561	0,026	0,032	0,4069	1,6014	0,0260	0,0321	0,0001	0,0011	0,0007	60
	-	-	+	+	-	+	-	-	+	-	+	-	+	-	+	+	-	+	
'	b_3	b_4	b_5	b_6	b_7	b_8	b_9	a_3	a_4	a_5	a_6	l_3	l_4	l_5	l_6	l_7	l_8	l_9	'
	0	5	0	0	0	0	0	1	2	0	0	6	19	1	0	0	0	0	

46°

'	0	5	0	0	0	0	0	0	2	0	0	6	19	0	1	0	0	0	'
	b_3	b_4	b_5	b_6	b_7	b_8	b_9	a_3	a_4	a_5	a_6	l_3	l_4	l_5	l_6	l_7	l_8	l_9	
	-	-	+	+	-	+	-	-	+	-	+	-	+	-	+	+	-	+	
0	0,2560	0,5539	0,0001	0,0022	0,0111	0,0001	0,0002	0,430	1,561	0,026	0,032	0,4069	1,6014	0,0260	0,0321	0,0001	0,0011	0,0007	0
1	2560	5544	1	22	111	1	2	430	1,563	26	32	4075	1,6033	260	322	1	11	7	1
2	2560	5549	1	0,0023	111	1	2	431	1,565	26	32	4081	1,6052	260	322	1	11	7	2
3	2560	5553	1	23	111	1	2	431	1,567	26	32	4087	1,6071	261	323	1	11	7	3
4	2560	5558	1	23	0,0112	1	2	432	1,569	26	0,033	4093	1,6090	261	323	1	11	7	4
5	2560	5563	1	23	112	1	2	433	1,571	26	33	4099	1,6109	262	324	1	11	7	5
6	2560	5568	1	23	112	1	2	433	1,573	26	33	0,4105	1,6129	262	324	1	11	7	6
7	2560	5573	1	23	112	1	2	434	1,575	26	33	4111	1,6148	263	325	1	11	7	7
8	2560	5578	1	23	112	1	2	434	1,576	26	33	4117	1,6167	263	325	1	11	7	8
9	2560	5583	1	23	112	1	2	435	1,578	26	33	4123	1,6186	264	326	1	11	7	9
10	0,2560	0,5588	0,0001	0,0023	0,0112	0,0001	0,0002	0,436	1,580	0,026	0,033	0,4129	1,6205	0,0264	0,0326	0,0001	0,0011	0,0007	10
11	2560	5593	1	23	0,0113	1	2	436	1,582	26	33	4135	1,6225	265	327	1	11	7	11
12	2559	5598	1	23	113	1	2	437	1,584	26	33	4141	1,6244	265	327	1	11	7	12
13	2559	0,5603	1	23	113	1	2	437	1,586	26	33	4147	1,6263	266	328	1	11	7	13
14	2559	5608	1	23	113	1	2	438	1,588	26	33	4153	1,6283	266	328	1	11	7	14
15	2559	5613	1	23	113	1	2	439	1,590	0,027	33	4159	1,6302	267	329	1	11	7	15
16	2559	5618	1	23	113	1	2	439	1,592	27	33	4166	1,6322	267	329	1	11	7	16
17	2559	5623	1	23	0,0114	1	2	0,440	1,594	27	33	4172	1,6341	267	0,0330	1	11	7	17
18	2559	5628	1	23	114	1	2	440	1,596	27	33	4178	1,6361	268	330	1	11	7	18
19	2559	5633	1	23	114	1	2	441	1,598	27	33	4184	1,6380	268	331	1	11	7	19
20	0,2559	0,5638	0,0001	0,0023	0,0114	0,0001	0,0002	0,442	1,600	0,027	0,033	0,4190	1,6400	0,0269	0,0331	0,0001	0,0011	0,0007	20
21	2559	5643	1	23	114	1	2	442	1,602	27	33	4196	1,6419	269	332	1	11	7	21
22	2559	5648	1	23	114	1	2	443	1,604	27	33	0,4202	1,6439	0,0270	333	1	11	7	22
23	2559	5653	1	23	114	1	2	443	1,606	27	0,034	4208	1,6459	270	333	1	11	7	23
24	2559	5658	1	23	0,0115	1	2	444	1,608	27	34	4215	1,6478	271	334	1	11	7	24
25	2558	5663	0,0002	23	115	1	2	445	1,610	27	34	4221	1,6498	271	334	1	11	7	25
26	2558	5668	2	23	115	1	2	445	1,612	27	34	4227	1,6518	272	335	1	11	7	26
27	2558	5673	2	23	115	1	2	446	1,614	27	34	4233	1,6538	272	335	1	11	7	27
28	2558	5678	2	23	115	1	2	447	1,616	27	34	4239	1,6557	273	336	1	11	7	28
29	2558	5683	2	23	115	1	2	447	1,618	27	34	4246	1,6577	273	336	1	11	7	29
30	0,2558	0,5688	0,0002	0,0023	0,0115	0,0001	0,0002	0,448	1,620	0,027	0,034	0,4252	1,6597	0,0274	0,0337	0,0001	0,0011	0,0007	30
31	2558	5693	2	23	0,0116	1	2	448	1,622	27	34	4258	1,6617	274	337	1	11	7	31
32	2558	5699	2	0,0024	116	1	2	449	1,624	27	34	4264	1,6637	275	338	1	11	7	32
33	2558	0,5704	2	24	116	1	2	0,450	1,626	27	34	4271	1,6657	275	339	1	11	7	33
34	2558	5709	2	24	116	1	2	450	1,628	27	34	4277	1,6677	276	339	1	11	7	34
35	2558	5714	2	24	116	1	2	451	1,630	27	34	4283	1,6697	276	0,0340	1	11	7	35
36	2557	5719	2	24	116	1	2	451	1,632	0,028	34	4290	1,6717	277	340	1	11	7	36
37	2557	5724	2	24	0,0117	1	2	452	1,634	28	34	4296	1,6737	277	341	1	11	7	37
38	2557	5729	2	24	117	1	2	453	1,636	28	34	0,4302	1,6757	278	341	1	11	7	38
39	2557	5734	2	24	117	1	2	453	1,638	28	34	4309	1,6777	278	342	1	0,0012	7	39
40	0,2557	0,5740	0,0002	0,0024	0,0117	0,0001	0,0002	0,454	1,640	0,028	0,034	0,4315	1,6798	0,0279	0,0342	0,0001	0,0012	0,0007	40
41	2557	5745	2	24	117	1	2	455	1,642	28	34	4321	1,6818	279	343	1	12	7	41
42	2557	5750	2	24	117	1	2	455	1,645	28	0,035	4328	1,6838	0,0280	343	1	12	7	42
43	2557	5755	2	24	117	1	2	456	1,647	28	35	4334	1,6858	280	344	1	12	7	43
44	2557	5760	2	24	0,0118	1	2	457	1,649	28	35	4340	1,6879	281	345	1	12	7	44
45	2557	5765	2	24	118	1	2	457	1,651	28	35	4347	1,6899	281	345	1	12	7	45
46	2557	5770	2	24	118	1	2	458	1,653	28	35	4353	1,6920	282	346	1	12	7	46
47	2556	5776	2	24	118	1	2	458	1,655	28	35	4360	1,6940	282	346	1	12	7	47
48	2556	5781	2	24	118	1	2	459	1,657	28	35	4366	1,6960	283	347	1	12	7	48
49	2556	5786	2	24	118	1	2	0,460	1,659	28	35	4372	1,6981	283	347	1	12	7	49
50	0,2556	0,5791	0,0002	0,0024	0,0119	0,0001	0,0002	0,460	1,661	0,028	0,035	0,4379	1,7001	0,0284	0,0348	0,0001	0,0012	0,0007	50
51	2556	5796	2	24	119	0,0002	2	461	1,663	28	35	4385	1,7022	284	349	1	12	7	51
52	2556	0,5802	2	24	119	2	2	462	1,665	28	35	4392	1,7043	285	349	1	12	7	52
53	2556	5807	2	24	119	2	2	462	1,667	28	35	4398	1,7063	285	0,0350	1	12	7	53
54	2556	5812	2	24	119	2	2	463	1,669	28	35	0,4405	1,7084	286	350	1	12	7	54
55	2556	5817	2	24	119	2	0,0003	464	1,672	28	35	4411	1,7104	286	351	1	12	7	55
56	2555	5823	2	24	119	2	3	464	1,674	0,029	35	4418	1,7125	287	351	1	12	7	56
57	2555	5828	2	24	0,0120	2	3	465	1,676	29	35	4424	1,7146	287	352	1	12	7	57
58	2555	5833	2	24	120	2	3	465	1,678	29	35	4431	1,7167	288	353	1	12	7	58
59	2555	5838	2	24	120	2	3	466	1,680	29	0,036	4437	1,7187	288	353	1	12	7	59
60	0,2555	0,5844	0,0002	0,0025	0,0120	0,0002	0,0003	0,467	1,682	0,029	0,036	0,4444	1,7208	0,0289	0,0354	0,0001	0,0012	0,0007	60
	-	-	+	+	-	+	-	-	+	-	+	-	+	-	+	+	-	+	
'	b_3	b_4	b_5	b_6	b_7	b_8	b_9	a_3	a_4	a_5	a_6	l_3	l_4	l_5	l_6	l_7	l_8	l_9	'
	0	6	0	1	0	0	0	1	2	0	0	7	21	1	1	0	0	0	

47°

'	0	5	0	0	0	0	0	0	2	0	0	7	21	0	0	0	0	0	'
	b_3	b_4	b_5	b_6	b_7	b_8	b_9	a_3	a_4	a_5	a_6	l_3	l_4	l_5	l_6	l_7	l_8	l_9	
	-	-	+	+	-	+	-	-	+	-	+	-	+	-	+	+	-	+	
0	0,2555	0,5844	0,0002	0,0025	0,0120	0,0002	0,0003	0,467	1,682	0,029	0,036	0,4444	1,7208	0,0289	0,0354	0,0001	0,0012	0,0007	0
1	2555	5849	2	25	120	2	3	467	1,684	29	36	4451	1,7229	289	354	1	12	7	1
2	2555	5854	2	25	120	2	3	468	1,686	29	36	4457	1,7250	0,0290	355	1	12	7	2
3	2555	5859	2	25	0,0121	2	3	469	1,688	29	36	4464	1,7271	290	355	1	12	7	3
4	2555	5865	2	25	121	2	3	469	1,691	29	36	4470	1,7292	291	356	1	12	7	4
5	2554	5870	2	25	121	2	3	0,470	1,693	29	36	4477	1,7313	291	357	1	12	7	5
6	2554	5875	2	25	121	2	3	471	1,695	29	36	4483	1,7334	292	357	1	12	7	6
7	2554	5881	2	25	121	2	3	471	1,697	29	36	4490	1,7355	292	358	1	12	0,0008	7
8	2554	5886	2	25	121	2	3	472	1,699	29	36	4497	1,7376	293	358	1	12	8	8
9	2554	5891	2	25	0,0122	2	3	473	1,701	29	36	0,4503	1,7397	294	359	1	12	8	9
10	0,2554	0,5897	0,0002	0,0025	0,0122	0,0002	0,0003	0,473	1,703	0,029	0,036	0,4510	1,7419	0,0294	0,0359	0,0001	0,0012	0,0008	10
11	2554	0,5902	2	25	122	2	3	474	1,705	29	36	4517	1,7440	295	0,0360	1	12	8	11
12	2554	5907	2	25	122	2	3	475	1,708	29	36	4523	1,7461	295	361	1	12	8	12
13	2553	5913	2	25	122	2	3	475	1,710	29	36	4530	1,7482	296	361	1	12	8	13
14	2553	5918	2	25	122	2	3	476	1,712	29	36	4537	1,7504	296	362	1	12	8	14
15	2553	5923	2	25	0,0123	2	3	477	1,714	0,030	36	4544	1,7525	297	362	1	12	8	15
16	2553	5929	2	25	123	2	3	477	1,716	30	0,037	4550	1,7546	297	363	1	12	8	16
17	2553	5934	2	25	123	2	3	478	1,718	30	37	4557	1,7568	298	364	1	0,0013	8	17
18	2553	5939	2	25	123	2	3	479	1,721	30	37	4564	1,7589	298	364	1	13	8	18
19	2553	5945	2	25	123	2	3	479	1,723	30	37	4570	1,7611	299	365	1	13	8	19
20	0,2553	0,5950	0,0002	0,0025	0,0123	0,0002	0,0003	0,480	1,725	0,030	0,037	0,4577	1,7632	0,0299	0,0365	0,0001	0,0013	0,0008	20
21	2552	5956	2	25	123	2	3	481	1,727	30	37	4584	1,7654	0,0300	366	1	13	8	21
22	2552	5961	2	25	0,0124	2	3	481	1,729	30	37	4591	1,7675	300	367	1	13	8	22
23	2552	5966	2	25	124	2	3	482	1,732	30	37	4598	1,7697	301	367	1	13	8	23
24	2552	5972	2	25	124	2	3	483	1,734	30	37	0,4604	1,7719	302	368	1	13	8	24
25	2552	5977	2	25	124	2	3	483	1,736	30	37	4611	1,7740	302	368	1	13	8	25
26	2552	5983	2	25	124	2	3	484	1,738	30	37	4618	1,7762	303	369	1	13	8	26
27	2552	5988	2	0,0026	124	2	3	485	1,740	30	37	4625	1,7784	303	0,0370	1	13	8	27
28	2551	5993	2	26	0,0125	2	3	485	1,743	30	37	4632	1,7806	304	370	1	13	8	28
29	2551	5999	2	26	125	2	3	486	1,745	30	37	4639	1,7827	304	371	1	13	8	29
30	0,2551	0,6004	0,0003	0,0026	0,0125	0,0002	0,0003	0,487	1,747	0,030	0,037	0,4646	1,7849	0,0305	0,0371	0,0001	0,0013	0,0008	30
31	2551	6010	3	26	125	2	3	487	1,749	30	37	4652	1,7871	305	372	1	13	8	31
32	2551	6015	3	26	125	2	3	488	1,751	30	37	4659	1,7893	306	373	1	13	8	32
33	2551	6021	3	26	125	2	3	489	1,754	0,031	0,038	4666	1,7915	307	373	1	13	8	33
34	2551	6026	3	26	0,0126	2	3	489	1,756	31	38	4673	1,7937	307	374	1	13	8	34
35	2550	6032	3	26	126	2	3	0,490	1,758	31	38	4680	1,7959	308	375	1	13	8	35
36	2550	6037	3	26	126	2	3	491	1,760	31	38	4687	1,7981	308	375	1	13	8	36
37	2550	6043	3	26	126	2	3	492	1,763	31	38	4694	1,8003	309	376	1	13	8	37
38	2550	6048	3	26	126	2	3	492	1,765	31	38	0,4701	1,8026	309	376	1	13	8	38
39	2550	6054	3	26	126	2	3	493	1,767	31	38	4708	1,8048	0,0310	377	1	13	8	39
40	0,2550	0,6059	0,0003	0,0026	0,0127	0,0002	0,0003	0,494	1,769	0,031	0,038	0,4715	1,8070	0,0310	0,0378	0,0001	0,0013	0,0008	40
41	2550	6065	3	26	127	2	3	494	1,772	31	38	4722	1,8092	311	378	1	13	8	41
42	2549	6070	3	26	127	2	3	495	1,774	31	38	4729	1,8115	312	379	1	13	8	42
43	2549	6076	3	26	127	2	3	496	1,776	31	38	4736	1,8137	312	0,0380	1	13	8	43
44	2549	6082	3	26	127	2	3	496	1,778	31	38	4743	1,8159	313	380	1	13	8	44
45	2549	6087	3	26	0,0128	2	3	497	1,781	31	38	4750	1,8182	313	381	1	13	8	45
46	2549	6093	3	26	128	2	3	498	1,783	31	38	4757	1,8204	314	381	1	13	8	46
47	2549	6098	3	26	128	2	3	499	1,785	31	38	4764	1,8227	314	382	1	13	8	47
48	2549	0,6104	3	26	128	2	3	499	1,787	31	38	4771	1,8249	315	383	1	13	8	48
49	2548	6109	3	26	128	2	3	0,500	1,790	31	0,039	4778	1,8272	316	383	1	13	8	49
50	0,2548	0,6115	0,0003	0,0026	0,0128	0,0002	0,0003	0,501	1,792	0,031	0,039	0,4786	1,8294	0,0316	0,0384	0,0001	0,0013	0,0008	50
51	2548	6121	3	26	0,0129	2	3	501	1,794	0,032	39	4793	1,8317	317	385	1	13	8	51
52	2548	6126	3	26	129	2	3	502	1,797	32	39	0,4800	1,8339	317	385	1	0,0014	8	52
53	2548	6132	3	0,0027	129	2	3	503	1,799	32	39	4807	1,8362	318	386	1	14	8	53
54	2548	6137	3	27	129	2	3	503	1,801	32	39	4814	1,8385	318	386	1	14	8	54
55	2547	6143	3	27	129	2	3	504	1,803	32	39	4821	1,8408	319	387	1	14	8	55
56	2547	6149	3	27	129	2	3	505	1,806	32	39	4829	1,8430	0,0320	388	1	14	8	56
57	2547	6154	3	27	0,0130	2	3	506	1,808	32	39	4836	1,8453	320	388	1	14	8	57
58	2547	6160	3	27	130	2	3	506	1,810	32	39	4843	1,8476	321	389	1	14	8	58
59	2547	6166	3	27	130	2	3	507	1,813	32	39	4850	1,8499	321	0,0390	1	14	8	59
60	0,2547	0,6171	0,0003	0,0027	0,0130	0,0002	0,0003	0,508	1,815	0,032	0,039	0,4857	1,8522	0,0322	0,0390	0,0001	0,0014	0,0008	60
	-	-	+	+	-	+	-	-	+	-	+	-	+	-	+	+	-	+	
'	b_3	b_4	b_5	b_6	b_7	b_8	b_9	a_3	a_4	a_5	a_6	l_3	l_4	l_5	l_6	l_7	l_8	l_9	'
	0	5	0	0	0	0	0	1	2	0	0	7	23	1	0	0	0	0	

48°

'	1	6	0	0	0	0	0	0	2	0	0	8	23	1	1	0	0	0	'
	b_3	b_4	b_5	b_6	b_7	b_8	b_9	a_3	a_4	a_5	a_6	l_3	l_4	l_5	l_6	l_7	l_8	l_9	
	-	-	+	+	-	+	-	-	+	-	+	-	+	-	+	+	-	+	
0	0,2547	0,6171	0,0003	0,0027	0,0130	0,0002	0,0003	0,508	1,815	0,032	0,039	0,4857	1,8522	0,0322	0,0390	0,0001	0,0014	0,0008	0
1	2546	6177	3	27	130	2	3	508	1,817	32	39	4865	1,8545	323	391	1	14	8	1
2	2546	6183	3	27	130	2	3	509	1,820	32	39	4872	1,8568	323	392	1	14	8	2
3	2546	6188	3	27	0,0131	2	3	0,510	1,822	32	39	4879	1,8591	324	392	1	14	8	3
4	2546	6194	3	27	131	2	3	511	1,824	32	39	4886	1,8614	324	393	1	14	8	4
5	2546	0,6200	3	27	131	2	3	511	1,827	32	0,040	4894	1,8637	325	394	1	14	8	5
6	2546	6205	3	27	131	2	3	512	1,829	32	40	0,4901	1,8661	325	394	1	14	8	6
7	2545	6211	3	27	131	2	3	513	1,831	32	40	4908	1,8684	326	395	1	14	8	7
8	2545	6217	3	27	0,0132	2	3	514	1,834	0,033	40	4916	1,8707	327	396	1	14	0,0009	8
9	2545	6223	3	27	132	2	3	514	1,836	33	40	4923	1,8730	327	396	1	14	9	9
10	0,2545	0,6228	0,0003	0,0027	0,0132	0,0002	0,0003	0,515	1,838	0,033	0,040	0,4930	1,8754	0,0328	0,0397	0,0001	0,0014	0,0009	10
11	2545	6234	3	27	132	2	3	516	1,841	33	40	4938	1,8777	328	398	1	14	9	11
12	2545	6240	3	27	132	2	3	516	1,843	33	40	4945	1,8800	329	398	1	14	9	12
13	2544	6246	3	27	132	2	3	517	1,846	33	40	4953	1,8824	0,0330	399	1	14	9	13
14	2544	6251	3	27	0,0133	2	3	518	1,848	33	40	4960	1,8847	330	0,0400	1	14	9	14
15	2544	6257	3	27	133	2	3	519	1,850	33	40	4967	1,8871	331	400	1	14	9	15
16	2544	6263	3	27	133	2	3	519	1,853	33	40	4975	1,8894	331	401	1	14	9	16
17	2544	6269	3	0,0028	133	2	3	0,520	1,855	33	40	4982	1,8918	332	402	1	14	9	17
18	2543	6274	3	28	133	2	3	521	1,857	33	40	4990	1,8942	333	402	1	14	9	18
19	2543	6280	3	28	133	2	3	522	1,860	33	40	4997	1,8965	333	403	1	14	9	19
20	0,2543	0,6286	0,0003	0,0028	0,0134	0,0002	0,0003	0,522	1,862	0,033	0,041	0,5005	1,8989	0,0334	0,0404	0,0001	0,0014	0,0009	20
21	2543	6292	3	28	134	2	3	523	1,865	33	41	5012	1,9013	335	404	1	14	9	21
22	2543	6298	3	28	134	2	3	524	1,867	33	41	5020	1,9037	335	405	1	14	9	22
23	2543	0,6303	3	28	134	2	3	525	1,869	33	41	5027	1,9060	336	406	1	14	9	23
24	2542	6309	3	28	134	2	3	525	1,872	0,034	41	5035	1,9084	336	406	1	0,0015	9	24
25	2542	6315	3	28	0,0135	2	3	526	1,874	34	41	5042	1,9108	337	407	1	15	9	25
26	2542	6321	3	28	135	2	3	527	1,877	34	41	5050	1,9132	338	408	1	15	9	26
27	2542	6327	3	28	135	2	3	528	1,879	34	41	5057	1,9156	338	408	1	15	9	27
28	2542	6333	3	28	135	2	3	528	1,882	34	41	5065	1,9180	339	409	1	15	9	28
29	2541	6339	3	28	135	2	3	529	1,884	34	41	5072	1,9204	339	0,0410	1	15	9	29
30	0,2541	0,6344	0,0003	0,0028	0,0135	0,0002	0,0003	0,530	1,886	0,034	0,041	0,5080	1,9228	0,0340	0,0410	0,0001	0,0015	0,0009	30
31	2541	6350	3	28	0,0136	2	3	531	1,889	34	41	5088	1,9252	341	411	1	15	9	31
32	2541	6356	3	28	136	2	3	531	1,891	34	41	5095	1,9277	341	412	1	15	9	32
33	2541	6362	3	28	136	2	3	532	1,894	34	41	0,5103	1,9301	342	413	1	15	9	33
34	2540	6368	0,0004	28	136	2	3	533	1,896	34	0,042	5111	1,9325	343	413	1	15	9	34
35	2540	6374	4	28	136	2	3	534	1,899	34	42	5118	1,9349	343	414	1	15	9	35
36	2540	6380	4	28	0,0137	2	3	534	1,901	34	42	5126	1,9374	344	415	1	15	9	36
37	2540	6386	4	28	137	2	3	535	1,904	34	42	5134	1,9398	345	415	1	15	9	37
38	2540	6392	4	28	137	2	3	536	1,906	34	42	5141	1,9423	345	416	1	15	9	38
39	2540	6398	4	28	137	2	3	537	1,908	34	42	5149	1,9447	346	417	1	15	9	39
40	0,2539	0,6404	0,0004	0,0028	0,0137	0,0002	0,0003	0,537	1,911	0,035	0,042	0,5157	1,9472	0,0346	0,0417	0,0001	0,0015	0,0009	40
41	2539	6410	4	0,0029	0,0138	2	3	538	1,913	35	42	5165	1,9496	347	418	1	15	9	41
42	2539	6416	4	29	138	2	3	539	1,916	35	42	5172	1,9521	348	419	1	15	9	42
43	2539	6421	4	29	138	2	3	0,540	1,918	35	42	5180	1,9545	348	0,0420	1	15	9	43
44	2538	6427	4	29	138	2	3	541	1,921	35	42	5188	1,9570	349	420	1	15	9	44
45	2538	6433	4	29	138	2	3	541	1,923	35	42	5196	1,9595	0,0350	421	1	15	9	45
46	2538	6439	4	29	138	2	3	542	1,926	35	42	0,5203	1,9619	350	422	1	15	9	46
47	2538	6445	4	29	0,0139	2	3	543	1,928	35	42	5211	1,9644	351	422	1	15	9	47
48	2538	6451	4	29	139	2	3	544	1,931	35	42	5219	1,9669	352	423	1	15	9	48
49	2537	6457	4	29	139	2	3	544	1,933	35	0,043	5227	1,9694	352	424	1	15	9	49
50	0,2537	0,6464	0,0004	0,0029	0,0139	0,0002	0,0003	0,545	1,936	0,035	0,043	0,5235	1,9719	0,0353	0,0425	0,0001	0,0015	0,0009	50
51	2537	6470	4	29	139	2	3	546	1,938	35	43	5243	1,9744	354	425	1	15	9	51
52	2537	6476	4	29	0,0140	2	3	547	1,941	35	43	5251	1,9769	354	426	1	15	9	52
53	2537	6482	4	29	140	2	3	548	1,944	35	43	5259	1,9794	355	427	1	15	9	53
54	2536	6488	4	29	140	2	3	548	1,946	35	43	5266	1,9819	356	427	1	0,0016	9	54
55	2536	6494	4	29	140	2	3	549	1,949	0,036	43	5274	1,9844	356	428	1	16	9	55
56	2536	0,6500	4	29	140	2	3	0,550	1,951	36	43	5282	1,9869	357	429	1	16	9	55
57	2536	6506	4	29	0,0141	2	3	551	1,954	36	43	5290	1,9894	357	0,0430	1	16	9	57
58	2536	6512	4	29	141	2	3	551	1,956	36	43	5298	1,9920	358	430	1	16	9	58
59	2535	6518	4	29	141	2	3	552	1,959	36	43	0,5306	1,9945	359	431	1	16	9	59
60	0,2535	0,6524	0,0004	0,0029	0,0141	0,0002	0,0003	0,553	1,961	0,036	0,043	0,5314	1,9970	0,0359	0,0432	0,0001	0,0016	0,0009	60
	-	-	+	+	-	+	-	-	+	-	+	-	+	-	+	+	-	+	
'	b_3	b_4	b_5	b_6	b_7	b_8	b_9	a_3	a_4	a_5	a_6	l_3	l_4	l_5	l_6	l_7	l_8	l_9	'
	0	6	0	0	0	0	0	1	2	0	0	8	25	0	1	0	0	0	

49°

'	0	6	0	0	0	0	0	1	3	0	0	8	26	1	1	0	0	0	'
	b_3	b_4	b_5	b_6	b_7	b_8	b_9	a_3	a_4	a_5	a_6	l_3	l_4	l_5	l_6	l_7	l_8	l_9	
	-	-	+	+	-	+	-	-	+	-	+	-	+	-	+	+	-	+	
0	0,2535	0,6524	0,0004	0,0029	0,0141	0,0002	0,0003	0,553	1,961	0,036	0,043	0,5314	1,9970	0,0359	0,0432	0,0001	0,0016	0,0009	0
1	2535	6530	4	29	141	2	3	554	1,964	36	43	5322	1,9996	0,0360	433	1	16	9	1
2	2535	6536	4	29	0,0142	2	3	555	1,966	36	0,044	5330	2,0021	361	433	1	16	0,0010	2
3	2534	6543	4	29	142	2	3	555	1,969	36	44	5338	2,0046	361	434	1	16	10	3
4	2534	6549	4	0,0030	142	2	3	556	1,972	36	44	5346	2,0072	362	435	1	16	10	4
5	2534	6555	4	30	142	2	3	557	1,974	36	44	5354	2,0097	363	435	1	16	10	5
6	2534	6561	4	30	142	2	3	558	1,977	36	44	5363	2,0123	364	436	1	16	10	6
7	2534	6567	4	30	142	2	3	559	1,979	36	44	5371	2,0149	364	437	1	16	10	7
8	2533	6573	4	30	0,0143	2	3	559	1,982	36	44	5379	2,0174	365	438	1	16	10	8
9	2533	6579	4	30	143	2	3	560	1,985	36	44	5387	2,0200	366	438	1	16	10	9
10	0,2533	0,6586	0,0004	0,0030	0,0143	0,0002	0,0003	0,561	1,987	0,037	0,044	0,5395	2,0226	0,0366	0,0439	0,0001	0,0016	0,0010	10
11	2533	6592	4	30	143	2	3	562	1,990	37	44	0,5403	2,0252	367	0,0440	1	16	10	11
12	2532	6598	4	30	143	2	3	563	1,992	37	44	5411	2,0277	368	441	1	16	10	12
13	2532	0,6604	4	30	0,0144	2	3	563	1,995	37	44	5420	2,0303	368	441	1	16	10	13
14	2532	6610	4	30	144	2	3	564	1,998	37	44	5428	2,0329	369	442	1	16	10	14
15	2532	6617	4	30	144	2	3	565	2,000	37	44	5436	2,0355	0,0370	443	1	16	10	15
16	2532	6623	4	30	144	2	3	566	2,003	37	0,045	5444	2,0381	370	444	1	16	10	16
17	2531	6629	4	30	144	2	3	567	2,005	37	45	5452	2,0407	371	444	1	16	10	17
18	2531	6635	4	30	0,0145	2	3	568	2,008	37	45	5461	2,0433	372	445	1	16	10	18
19	2531	6642	4	30	145	2	3	568	2,011	37	45	5469	2,0460	372	446	1	16	10	19
20	0,2531	0,6648	0,0004	0,0030	0,0145	0,0002	0,0003	0,569	2,013	0,037	0,045	0,5477	2,0486	0,0373	0,0447	0,0001	0,0016	0,0010	20
21	2530	6654	4	30	145	2	3	0,570	2,016	37	45	5485	2,0512	374	448	1	0,0017	10	21
22	2530	6660	4	30	145	2	3	571	2,019	37	45	5494	2,0538	375	448	1	17	10	22
23	2530	6667	4	30	0,0146	2	3	572	2,021	37	45	0,5502	2,0565	375	449	1	17	10	23
24	2530	6673	4	30	146	2	3	573	2,024	37	45	5510	2,0591	376	0,0450	1	17	10	24
25	2529	6679	4	0,0031	146	2	3	573	2,027	0,038	45	5519	2,0617	377	451	1	17	10	25
26	2529	6686	4	31	146	2	3	574	2,029	38	45	5527	2,0644	377	451	1	17	10	26
27	2529	6692	4	31	146	2	3	575	2,032	38	45	5536	2,0670	378	452	1	17	10	27
28	2529	6698	4	31	0,0147	2	3	576	2,035	38	45	5544	2,0697	379	453	1	17	10	28
29	2528	0,6705	4	31	147	2	3	577	2,037	38	0,046	5552	2,0723	379	454	1	17	10	29
30	0,2528	0,6711	0,0004	0,0031	0,0147	0,0002	0,0003	0,578	2,040	0,038	0,046	0,5561	2,0750	0,0380	0,0454	0,0001	0,0017	0,0010	30
31	2528	6717	4	31	147	2	3	578	2,043	38	46	5569	2,0777	381	455	1	17	10	31
32	2528	6724	4	31	147	2	3	579	2,045	38	46	5578	2,0803	382	456	1	17	10	32
33	2528	6730	4	31	0,0148	2	3	0,580	2,048	38	46	5586	2,0830	382	457	1	17	10	33
34	2527	6736	4	31	148	2	3	581	2,051	38	46	5595	2,0857	383	458	1	17	10	34
35	2527	6743	4	31	148	2	3	582	2,054	38	46	0,5603	2,0884	384	458	1	17	10	35
36	2527	6749	4	31	148	2	3	583	2,056	38	46	5612	2,0911	384	459	1	17	10	36
37	2527	6755	4	31	148	2	3	583	2,059	38	46	5620	2,0938	385	0,0460	1	17	10	37
38	2526	6762	4	31	0,0149	2	3	584	2,062	38	46	5629	2,0965	386	461	1	17	10	38
39	2526	6768	0,0005	31	149	2	3	585	2,064	0,039	46	5637	2,0992	387	462	1	17	10	39
40	0,2526	0,6775	0,0005	0,0031	0,0149	0,0002	0,0003	0,586	2,067	0,039	0,046	0,5646	2,1019	0,0387	0,0462	0,0001	0,0017	0,0010	40
41	2526	6781	5	31	149	2	3	587	2,070	39	46	5654	2,1046	388	463	1	17	10	41
42	2525	6788	5	31	0,0150	2	3	588	2,073	39	0,047	5663	2,1073	389	464	1	17	10	42
43	2525	6794	5	31	150	2	3	588	2,075	39	47	5672	2,1100	0,0390	465	1	17	10	43
44	2525	0,6800	5	31	150	2	3	589	2,078	39	47	5680	2,1128	390	466	1	17	10	44
45	2524	6807	5	31	150	2	3	0,590	2,081	39	47	5689	2,1155	391	466	1	17	10	45
46	2524	6813	5	0,0032	150	2	3	591	2,084	39	47	5697	2,1182	392	467	1	17	10	46
47	2524	6820	5	32	0,0151	2	3	592	2,086	39	47	0,5706	2,1210	392	468	1	0,0018	10	47
48	2524	6826	5	32	151	2	3	593	2,089	39	47	5715	2,1237	393	469	1	18	10	48
49	2523	6833	5	32	151	2	3	594	2,092	39	47	5724	2,1265	394	0,0470	1	18	0,0011	49
50	0,2523	0,6839	0,0005	0,0032	0,0151	0,0002	0,0003	0,595	2,095	0,039	0,047	0,5732	2,1292	0,0395	0,0470	0,0001	0,0018	0,0011	50
51	2523	6846	5	32	151	2	3	595	2,098	39	47	5741	2,1320	395	471	1	18	11	51
52	2523	6852	5	32	0,0152	2	3	596	2,100	0,040	47	5750	2,1347	396	472	1	18	11	52
53	2522	6859	5	32	152	2	3	597	2,103	40	47	5758	2,1375	397	473	1	18	11	53
54	2522	6865	5	32	152	2	3	598	2,106	40	0,048	5767	2,1403	398	474	1	18	11	54
55	2522	6872	5	32	152	2	3	599	2,109	40	48	5776	2,1431	398	475	1	18	11	55
56	2522	6879	5	32	152	2	3	0,600	2,112	40	48	5785	2,1458	399	475	1	18	11	56
57	2521	6885	5	32	0,0153	2	3	601	2,114	40	48	5794	2,1486	0,0400	476	1	18	11	57
58	2521	6892	5	32	153	2	3	601	2,117	40	48	0,5803	2,1514	401	477	1	18	11	58
59	2521	6898	5	32	153	2	3	602	2,120	40	48	5811	2,1542	401	478	1	18	11	59
60	0,2521	0,6905	0,0005	0,0032	0,0153	0,0002	0,0003	0,603	2,123	0,040	0,048	0,5820	2,1570	0,0402	0,0479	0,0002	0,0018	0,0011	60
	-	-	+	+	-	+	-	-	+	-	+	-	+	-	+	+	-	+	
'	b_3	b_4	b_5	b_6	b_7	b_8	b_9	a_3	a_4	a_5	a_6	l_3	l_4	l_5	l_6	l_7	l_8	l_9	'
	0	7	0	0	0	0	0	1	3	0	0	9	28	1	1	1	0	0	

50°

'	1	6	0	0	1	0	0	1	3	0	0	9	28	1	0	0	0	0	'
	b_3	b_4	b_5	b_6	b_7	b_8	b_9	a_3	a_4	a_5	a_6	l_3	l_4	l_5	l_6	l_7	l_8	l_9	
	−	−	+	+	−	+	−	−	+	−	+	−	+	−	+	+	−	+	
0	0,2521	0,6905	0,0005	0,0032	0,0153	0,0002	0,0003	0,603	2,123	0,040	0,048	0,5820	2,1570	0,0402	0,0479	0,0002	0,0018	0,0011	0
1	2520	6911	5	32	0,0154	2	3	604	2,126	40	48	5829	2,1598	403	479	2	18	11	1
2	2520	6918	5	32	154	2	3	605	2,128	40	48	5838	2,1626	404	0,0480	2	18	11	2
3	2520	6925	5	32	154	2	3	606	2,131	40	48	5847	2,1654	405	481	2	18	11	3
4	2519	6931	5	32	154	2	3	607	2,134	40	48	5856	2,1683	405	482	2	18	11	4
5	2519	6938	5	32	154	2	3	608	2,137	40	48	5865	2,1711	406	483	2	18	11	5
6	2519	6945	5	32	0,0155	2	3	609	2,140	0,041	0,049	5874	2,1739	407	484	2	18	11	6
7	2519	6951	5	0,0033	155	2	3	609	2,143	41	49	5883	2,1768	408	485	2	18	11	7
8	2518	6958	5	33	155	2	0,0004	0,610	2,146	41	49	5392	2,1796	408	485	2	18	11	8
9	2518	6964	5	33	155	2	4	611	2,148	41	49	0,5901	2,1824	409	486	2	18	11	9
10	0,2518	0,6971	0,0005	0,0033	0,0155	0,0002	0,0004	0,612	2,151	0,041	0,049	0,5910	2,1853	0,0410	0,0487	0,0002	0,0018	0,0011	10
11	2518	6978	5	33	0,0156	2	4	613	2,154	41	49	5919	2,1881	411	488	2	0,0019	11	11
12	2517	6985	5	33	156	2	4	614	2,157	41	49	5928	2,1910	411	489	2	19	11	12
13	2517	6991	5	33	156	2	4	615	2,160	41	49	5937	2,1939	412	0,0490	2	19	11	13
14	2517	6998	5	33	156	2	4	616	2,163	41	49	5946	2,1967	413	490	2	19	11	14
15	2516	0,7005	5	33	0,0157	2	4	617	2,166	41	49	5955	2,1996	414	491	2	19	11	15
16	2516	7011	5	33	157	2	4	618	2,169	41	49	5964	2,2025	415	492	2	19	11	16
17	2516	7018	5	33	157	2	4	618	2,172	41	49	5973	2,2054	415	493	2	19	11	17
18	2516	7025	5	33	157	2	4	619	2,174	0,042	0,050	5983	2,2083	416	494	2	19	11	18
19	2515	7032	5	33	157	2	4	0,620	2,177	42	50	5992	2,2112	417	495	2	19	11	19
20	0,2515	0,7038	0,0005	0,0033	0,0158	0,0002	0,0004	0,621	2,180	0,042	0,050	0,6001	2,2141	0,0418	0,0496	0,0002	0,0019	0,0011	20
21	2515	7045	5	33	158	2	4	622	2,183	42	50	6010	2,2170	419	497	2	19	11	21
22	2514	7052	5	33	158	2	4	623	2,186	42	50	6019	2,2199	419	497	2	19	11	22
23	2514	7059	5	33	158	2	4	624	2,189	42	50	6029	2,2228	0,0420	498	2	19	11	23
24	2514	7065	5	33	0,0159	2	4	625	2,192	42	50	6038	2,2257	421	499	2	19	11	24
25	2514	7072	5	33	159	2	4	626	2,195	42	50	6047	2,2286	422	0,0500	2	19	11	25
26	2513	7079	5	0,0034	159	2	4	627	2,198	42	50	6056	2,2316	423	501	2	19	11	26
27	2513	7086	5	34	159	2	4	628	2,201	42	50	6066	2,2345	423	502	2	19	11	27
28	2513	7093	5	34	159	2	4	629	2,204	42	50	6075	2,2374	424	503	2	19	11	28
29	2512	0,7100	5	34	0,0160	2	4	629	2,207	42	0,051	6084	2,2404	425	504	2	19	11	29
30	0,2512	0,7106	0,0005	0,0034	0,0160	0,0002	0,0004	0,630	2,210	0,042	0,051	0,6094	2,2433	0,0426	0,0504	0,0002	0,0019	0,0011	30
31	2512	7113	5	34	160	2	4	631	2,213	0,043	51	0,6103	2,2463	427	505	2	19	11	31
32	2512	7120	5	34	160	2	4	632	2,216	43	51	6112	2,2492	427	506	2	19	0,0012	32
33	2511	7127	5	34	0,0161	2	4	633	2,219	43	51	6122	2,2522	428	507	2	19	12	33
34	2511	7134	5	34	161	2	4	634	2,222	43	51	6131	2,2552	429	508	2	0,0020	12	34
35	2511	7141	5	34	161	2	4	635	2,225	43	51	6141	2,2581	0,0430	509	2	20	12	35
36	2510	7148	5	34	161	2	4	636	2,228	43	51	6150	2,2611	431	0,0510	2	20	12	36
37	2510	7155	5	34	161	2	4	637	2,231	43	51	6160	2,2641	432	511	2	20	12	37
38	2510	7161	5	34	0,0162	2	4	638	2,234	43	51	6169	2,2671	432	512	2	20	12	38
39	2509	7168	5	34	162	2	4	639	2,237	43	51	6179	2,2701	433	512	2	20	12	39
40	0,2509	0,7175	0,0005	0,0034	0,0162	0,0002	0,0004	0,640	2,240	0,043	0,051	0,6188	2,2731	0,0434	0,0513	0,0002	0,0020	0,0012	40
41	2509	7182	5	34	162	2	4	641	2,243	43	0,052	6198	2,2761	435	514	2	20	12	41
42	2509	7189	5	34	0,0163	2	4	642	2,246	43	52	0,6207	2,2791	436	515	2	20	12	42
43	2508	7196	5	34	163	2	4	643	2,249	0,044	52	6217	2,2821	437	516	2	20	12	43
44	2508	0,7203	5	34	163	2	4	644	2,252	44	52	6226	2,2851	437	517	2	20	12	44
45	2508	7210	0,0006	0,0035	163	2	4	645	2,255	44	52	6236	2,2882	438	518	2	20	12	45
46	2507	7217	6	35	0,0164	2	4	645	2,258	44	52	6246	2,2912	439	519	2	20	12	46
47	2507	7224	6	35	164	2	4	646	2,261	44	52	6255	2,2942	0,0440	0,0520	2	20	12	47
48	2507	7231	6	35	164	2	4	647	2,264	44	52	6265	2,2973	441	521	2	20	12	48
49	2506	7238	6	35	164	2	4	648	2,267	44	52	6274	2,3003	442	522	2	20	12	49
50	0,2506	0,7245	0,0006	0,0035	0,0164	0,0002	0,0004	0,649	2,270	0,044	0,052	0,6284	2,3034	0,0442	0,0523	0,0002	0,0020	0,0012	50
51	2506	7252	6	35	0,0165	2	4	0,650	2,273	44	0,053	6294	2,3064	443	523	2	20	12	51
52	2505	7259	6	35	165	2	4	651	2,277	44	53	0,6304	2,3095	444	524	2	20	12	52
53	2505	7266	6	35	165	2	4	652	2,280	44	53	6313	2,3126	445	525	2	20	12	53
54	2505	7273	6	35	165	2	4	653	2,283	44	53	6323	2,3156	446	526	2	20	12	54
55	2505	7280	6	35	0,0166	2	4	654	2,286	0,045	53	6333	2,3187	447	527	2	0,0021	12	55
56	2504	7288	6	35	166	2	4	655	2,289	45	53	6343	2,3218	448	528	2	21	12	56
57	2504	7295	6	35	166	2	4	656	2,292	45	53	6352	2,3249	448	529	2	21	12	57
58	2504	0,7302	6	35	166	2	4	657	2,295	45	53	6362	2,3280	449	0,0530	2	21	12	58
59	2503	7309	6	35	0,0167	2	4	658	2,298	45	53	6372	2,3311	0,0450	531	2	21	12	59
60	0,2503	0,7316	0,0006	0,0035	0,0167	0,0002	0,0004	0,659	2,301	0,045	0,053	0,6382	2,3342	0,0451	0,0532	0,0002	0,0021	0,0012	60
	−	−	+	+	−	+	−	−	+	−	+	−	+	−	+	+	−	+	
'	b_3	b_4	b_5	b_6	b_7	b_8	b_9	a_3	a_4	a_5	a_6	l_3	l_4	l_5	l_6	l_7	l_8	l_9	'
	0	7	0	0	0	0	0	1	3	0	0	10	31	1	1	0	0	0	

51°

'	b3	b4	b5	b6	b7	b8	b9	a3	a4	a5	a6	l3	l4	l5	l6	l7	l8	l9	'
	0	7	0	0	0	0	0	1	4	0	0	10	31	1	1	0	0	0	
	-	-	+	+	-	+	-	-	+	-	+	-	+	-	+	+	-	+	
0	0,2503	0,7316	0,0006	0,0035	0,0167	0,0002	0,0004	0,659	2,301	0,045	0,053	0,6382	2,3342	0,0451	0,0532	0,0002	0,0021	0,0012	0
1	2503	7323	6	35	167	2	4	0,660	2,305	45	53	6392	2,3373	452	533	2	21	12	1
2	2502	7330	6	35	167	2	4	661	2,308	45	0,054	0,6402	2,3404	453	534	2	21	12	2
3	2502	7337	6	0,0036	0,0168	2	4	662	2,311	45	54	6412	2,3435	454	535	2	21	12	3
4	2502	7345	6	36	168	2	4	663	2,314	45	54	6422	2,3467	454	536	2	21	12	4
5	2501	7352	6	36	168	2	4	664	2,317	45	54	6431	2,3498	455	537	2	21	12	5
6	2501	7359	6	36	168	2	4	665	2,320	0,046	54	6441	2,3529	456	538	2	21	12	6
7	2501	7366	6	36	0,0169	2	4	666	2,323	46	54	6451	2,3561	457	539	2	21	12	7
8	2500	7373	6	36	169	2	4	667	2,327	46	54	6461	2,3592	458	539	2	21	12	8
9	2500	7381	6	36	169	2	4	668	2,330	46	54	6471	2,3624	459	0,0540	2	21	12	9
10	0,2500	0,7388	0,0006	0,0036	0,0169	0,0002	0,0004	0,669	2,333	0,046	0,054	0,6481	2,3655	0,0460	0,0541	0,0002	0,0021	0,0013	10
11	0,2499	7395	6	36	169	2	4	0,670	2,336	46	54	6492	2,3687	461	542	2	21	13	11
12	2499	0,7402	6	36	0,0170	2	4	671	2,339	46	54	0,6502	2,3719	462	543	2	21	13	12
13	2499	7409	6	36	170	2	4	672	2,343	46	0,055	6512	2,3751	462	544	2	21	13	13
14	2498	7417	6	36	170	0,0003	4	673	2,346	46	55	6522	2,3782	463	545	2	21	13	14
15	2498	7424	6	36	170	3	4	674	2,349	46	55	6532	2,3814	464	546	2	0,0022	13	15
16	2498	7431	6	36	0,0171	3	4	675	2,352	46	55	6542	2,3846	465	547	2	22	13	16
17	2497	7438	6	36	171	3	4	676	2,355	0,047	55	6552	2,3878	466	548	2	22	13	17
18	2497	7446	6	36	171	3	4	677	2,359	47	55	6562	2,3910	467	549	2	22	13	18
19	2497	7453	6	36	171	3	4	678	2,362	47	55	6573	2,3942	468	0,0550	2	22	13	19
20	0,2496	0,7460	0,0006	0,0036	0,0172	0,0003	0,0004	0,679	2,365	0,047	0,055	0,6583	2,3975	0,0469	0,0551	0,0002	0,0022	0,0013	20
21	2496	7468	6	0,0037	172	3	4	0,680	2,368	47	55	6593	2,4007	0,0470	552	2	22	13	21
22	2496	7475	6	37	172	3	4	681	2,372	47	55	0,6603	2,4039	471	553	2	22	13	22
23	2495	7482	6	37	172	3	4	682	2,375	47	0,056	6614	2,4071	472	554	2	22	13	23
24	2495	7490	6	37	0,0173	3	4	683	2,378	47	56	6624	2,4104	472	555	2	22	13	24
25	2495	7497	6	37	173	3	4	684	2,381	47	56	6634	2,4136	473	556	2	22	13	25
26	2494	0,7504	6	37	173	3	4	685	2,385	47	56	6644	2,4169	474	557	2	22	13	26
27	2494	7512	6	37	173	3	4	686	2,388	47	56	6655	2,4201	475	558	2	22	13	27
28	2494	7519	6	37	0,0174	3	4	687	2,391	0,048	56	6665	2,4234	476	559	2	22	13	28
29	2493	7527	6	37	174	3	4	688	2,395	48	56	6676	2,4267	477	0,0560	2	22	13	29
30	0,2493	0,7534	0,0006	0,0037	0,0174	0,0003	0,0004	0,689	2,398	0,048	0,056	0,6686	2,4299	0,0478	0,0561	0,0002	0,0022	0,0013	30
31	2493	7541	6	37	174	3	4	0,690	2,401	48	56	6696	2,4332	479	562	2	22	13	31
32	2492	7549	6	37	0,0175	3	4	691	2,404	48	56	0,6707	2,4365	0,0480	563	2	22	13	32
33	2492	7556	6	37	175	3	4	692	2,408	48	0,057	6717	2,4398	481	564	2	22	13	33
34	2492	7564	6	37	175	3	4	693	2,411	48	57	6728	2,4431	482	565	2	0,0023	13	34
35	2491	7571	6	37	175	3	4	694	2,414	48	57	6738	2,4464	483	566	2	23	13	35
36	2491	7579	6	37	0,0176	3	4	695	2,418	48	57	6749	2,4497	484	567	2	23	13	36
37	2491	7586	6	37	176	3	4	697	2,421	48	57	6759	2,4530	485	568	2	23	13	37
38	2490	7594	6	0,0038	176	3	4	698	2,424	48	57	6770	2,4563	485	569	2	23	13	38
39	2490	0,7601	6	38	176	3	4	699	2,428	0,049	57	6780	2,4596	486	0,0570	2	23	13	39
40	0,2490	0,7609	0,0006	0,0038	0,0177	0,0003	0,0004	0,700	2,431	0,049	0,057	0,6791	2,4630	0,0487	0,0571	0,0002	0,0023	0,0013	40
41	2489	7616	6	38	177	3	4	701	2,434	49	57	0,6802	2,4663	488	572	2	23	13	41
42	2489	7624	6	38	177	3	4	702	2,438	49	57	6812	2,4697	489	573	2	23	13	42
43	2488	7631	6	38	177	3	4	703	2,441	49	0,058	6823	2,4730	0,0490	574	2	23	13	43
44	2488	7639	6	38	0,0178	3	4	704	2,445	49	58	6834	2,4764	491	576	2	23	0,0014	44
45	2488	7646	6	38	178	3	4	705	2,448	49	58	6844	2,4797	492	577	2	23	14	45
46	2487	7654	6	38	178	3	4	706	2,451	49	58	6855	2,4831	493	578	2	23	14	46
47	2487	7662	6	38	178	3	4	707	2,455	49	58	6866	2,4865	494	579	2	23	14	47
48	2487	7669	6	38	0,0179	3	4	708	2,458	49	58	6876	2,4898	495	0,0580	2	23	14	48
49	2486	7677	6	38	179	3	4	709	2,462	49	58	6887	2,4932	496	581	2	23	14	49
50	0,2486	0,7684	0,0006	0,0038	0,0179	0,0003	0,0004	0,710	2,465	0,050	0,058	0,6898	2,4966	0,0497	0,0582	0,0002	0,0023	0,0014	50
51	2486	7692	0,0007	38	179	3	4	711	2,468	50	58	0,6909	2,5000	498	583	2	23	14	51
52	2485	0,7700	7	38	0,0180	3	4	712	2,472	50	0,059	6920	2,5034	499	584	2	23	14	52
53	2485	7707	7	38	180	3	4	714	2,475	50	59	6930	2,5068	0,0500	585	2	0,0024	14	53
54	2484	7715	7	38	180	3	4	715	2,479	50	59	6941	2,5102	501	586	2	24	14	54
55	2484	7723	7	0,0039	0,0181	3	4	716	2,482	50	59	6952	2,5137	502	587	2	24	14	55
56	2484	7730	7	39	181	3	4	717	2,486	50	59	6963	2,5171	503	588	2	24	14	56
57	2483	7738	7	39	181	3	4	718	2,489	50	59	6974	2,5205	504	589	2	24	14	57
58	2483	7746	7	39	181	3	4	719	2,493	50	59	6985	2,5240	505	0,0590	2	24	14	58
59	2483	7753	7	39	0,0182	3	4	0,720	2,496	50	59	6996	2,5274	506	591	2	24	14	59
60	0,2482	0,7761	0,0007	0,0039	0,0182	0,0003	0,0004	0,721	2,499	0,051	0,059	0,7007	2,5309	0,0507	0,0592	0,0002	0,0024	0,0014	60
	-	-	+	+	-	+	-	-	+	-	+	-	+	-	+	+	-	+	
'	b3	b4	b5	b6	b7	b8	b9	a3	a4	a5	a6	l3	l4	l5	l6	l7	l8	l9	'
	1	8	0	0	0	0	0	1	3	1	0	11	35	1	1	0	0	0	

52°

'	0	8	0	0	0	0	0	1	4	0	1	11	34	1	2	0	0	0	'
	b_3	b_4	b_5	b_6	b_7	b_8	b_9	a_3	a_4	a_5	a_6	l_3	l_4	l_5	l_6	l_7	l_8	l_9	
	-	-	+	+	-	+	-	-	+	-	+	-	+	-	+	+	-	+	
0	0,2482	0,7761	0,0007	0,0039	0,0182	0,0003	0,0004	0,721	2,499	0,051	0,059	0,7007	2,5309	0,0507	0,0592	0,0002	0,0024	0,0014	0
1	2482	7769	7	39	182	3	4	722	2,503	51	0,060	7018	2,5343	508	594	2	24	14	1
2	2482	7776	7	39	182	3	4	723	2,506	51	60	7029	2,5378	509	595	2	24	14	2
3	2481	7784	7	39	0,0183	3	4	724	2,510	51	60	7040	2,5413	0,0510	596	2	24	14	3
4	2481	7792	7	39	183	3	4	725	2,513	51	60	7051	2,5447	511	597	2	24	14	4
5	2480	0,7800	7	39	183	3	4	727	2,517	51	60	7062	2,5482	512	598	2	24	14	5
6	2480	7807	7	39	183	3	4	728	2,520	51	60	7073	2,5517	513	599	2	24	14	6
7	2480	7815	7	39	0,0184	3	4	729	2,524	51	60	7084	2,5552	514	0,0600	2	24	14	7
8	2479	7823	7	39	184	3	4	0,730	2,527	51	60	7095	2,5587	515	601	2	24	14	8
9	2479	7831	7	39	184	3	4	731	2,531	51	60	0,7107	2,5622	516	602	2	24	14	9
10	0,2479	0,7839	0,0007	0,0039	0,0185	0,0003	0,0004	0,732	2,535	0,052	0,060	0,7118	2,5657	0,0517	0,0603	0,0002	0,0025	0,0014	10
11	2478	7846	7	0,0040	185	3	4	733	2,538	52	0,061	7129	2,5692	518	604	2	25	14	11
12	2478	7854	7	40	185	3	4	734	2,542	52	61	7140	2,5728	519	606	2	25	14	12
13	2477	7862	7	40	185	3	4	735	2,545	52	61	7151	2,5763	0,0520	607	2	25	14	13
14	2477	7870	7	40	0,0186	3	4	737	2,549	52	61	7163	2,5798	521	608	2	25	14	14
15	2477	7878	7	40	186	3	4	738	2,552	52	61	7174	2,5834	522	609	2	25	14	15
16	2476	7886	7	40	186	3	4	739	2,556	52	61	7185	2,5869	523	0,0610	2	25	0,0015	16
17	2476	7894	7	40	186	3	4	0,740	2,559	52	61	7197	2,5905	524	611	2	25	15	17
18	2476	0,7902	7	40	0,0187	3	4	741	2,563	52	61	0,7208	2,5941	525	612	2	25	15	18
19	2475	7910	7	40	187	3	4	742	2,567	0,053	61	7219	2,5976	526	613	2	25	15	19
20	0,2475	0,7917	0,0007	0,0040	0,0187	0,0003	0,0004	0,743	2,570	0,053	0,062	0,7231	2,6012	0,0527	0,0615	0,0002	0,0025	0,0015	20
21	2474	7925	7	40	187	3	4	744	2,574	53	62	7242	2,6048	528	616	2	25	15	21
22	2474	7933	7	40	0,0188	3	4	746	2,577	53	62	7254	2,6084	529	617	2	25	15	22
23	2474	7941	7	40	188	3	4	747	2,581	53	62	7265	2,6120	0,0530	618	2	25	15	23
24	2473	7949	7	40	188	3	0,0005	748	2,585	53	62	7277	2,6156	531	619	2	25	15	24
25	2473	7957	7	40	0,0189	3	5	749	2,588	53	62	7288	2,6192	532	0,0620	2	25	15	25
26	2472	7965	7	0,0041	189	3	5	0,750	2,592	53	62	0,7300	2,6228	533	621	2	25	15	26
27	2472	7973	7	41	189	3	5	751	2,596	53	62	7311	2,6264	535	622	2	0,0026	15	27
28	2472	7981	7	41	189	3	5	752	2,599	53	0,063	7323	2,6301	536	624	2	26	15	28
29	2471	7989	7	41	0,0190	3	5	754	2,603	0,054	63	7334	2,6337	537	625	2	26	15	29
30	0,2471	0,7997	0,0007	0,0041	0,0190	0,0003	0,0005	0,755	2,607	0,054	0,063	0,7346	2,6374	0,0538	0,0626	0,0002	0,0026	0,0015	30
31	2470	0,8005	7	41	190	3	5	756	2,610	54	63	7357	2,6410	539	627	2	26	15	31
32	2470	8013	7	41	0,0191	3	5	757	2,614	54	63	7369	2,6447	0,0540	628	2	26	15	32
33	2470	8021	7	41	191	3	5	758	2,618	54	63	7381	2,6483	541	629	2	26	15	33
34	2469	8029	7	41	191	3	5	759	2,621	54	63	7392	2,6520	542	0,0631	2	26	15	34
35	2469	8038	7	41	191	3	5	0,761	2,625	54	63	0,7404	2,6557	543	632	2	26	15	35
36	2468	8046	7	41	0,0192	3	5	762	2,629	54	63	7416	2,6593	544	633	2	26	15	36
37	2468	8054	7	41	192	3	5	763	2,632	54	0,064	7428	2,6630	545	634	2	26	15	37
38	2468	8062	7	41	192	3	5	764	2,636	0,055	64	7439	2,6667	546	635	2	26	15	38
39	2467	8070	7	41	0,0193	3	5	765	2,640	55	64	7451	2,6704	547	636	2	26	15	39
40	0,2467	0,8078	0,0007	0,0041	0,0193	0,0003	0,0005	0,766	2,644	0,055	0,064	0,7463	2,6741	0,0549	0,0638	0,0002	0,0026	0,0015	40
41	2466	8086	7	41	193	3	5	768	2,647	55	64	7475	2,6779	0,0550	639	2	26	15	41
42	2466	8095	7	0,0042	193	3	5	769	2,651	55	64	7487	2,6816	551	0,0640	2	0,0027	15	42
43	2466	0,8103	7	42	0,0194	3	5	0,770	2,655	55	64	7499	2,6853	552	641	2	27	15	43
44	2465	8111	7	42	194	3	5	771	2,659	55	64	0,7511	2,6890	553	642	2	27	15	44
45	2465	8119	7	42	194	3	5	772	2,662	55	64	7522	2,6928	554	644	2	27	0,0016	45
46	2464	8127	7	42	0,0195	3	5	774	2,666	55	0,065	7534	2,6965	555	645	2	27	16	46
47	2464	8135	7	42	195	3	5	775	2,670	0,056	65	7546	2,7003	556	646	2	27	16	47
48	2464	8144	7	42	195	3	5	776	2,674	56	65	7558	2,7041	557	647	2	27	16	48
49	2463	8152	7	42	195	3	5	777	2,678	56	65	7570	2,7078	558	648	2	27	16	49
50	0,2463	0,8160	0,0007	0,0042	0,0196	0,0003	0,0005	0,778	2,681	0,056	0,065	0,7582	2,7116	0,0560	0,0650	0,0002	0,0027	0,0016	50
51	2462	8168	7	42	196	3	5	779	2,685	56	65	7595	2,7154	561	651	2	27	16	51
52	2462	8177	7	42	196	3	5	0,781	2,689	56	65	0,7607	2,7192	562	652	2	27	16	52
53	2462	8185	7	42	0,0197	3	5	782	2,693	56	65	7619	2,7230	563	653	2	27	16	53
54	2461	8193	7	42	197	3	5	783	2,697	56	0,066	7631	2,7268	564	654	2	27	16	54
55	2461	0,8202	7	42	197	3	5	784	2,700	56	66	7643	2,7306	565	656	2	27	16	55
56	2460	8210	7	0,0043	197	3	5	786	2,704	0,057	66	7655	2,7344	566	657	2	27	16	56
57	2460	8218	7	43	0,0198	3	5	787	2,708	57	66	7667	2,7382	567	658	2	27	16	57
58	2459	8227	0,0008	43	198	3	5	788	2,712	57	66	7680	2,7421	569	659	2	0,0028	16	58
59	2459	8235	8	43	198	3	5	789	2,716	57	66	7692	2,7459	0,0570	0,0660	2	28	16	59
60	0,2459	0,8243	0,0008	0,0043	0,0199	0,0003	0,0005	0,790	2,720	0,057	0,066	0,7704	2,7498	0,0571	0,0662	0,0002	0,0028	0,0016	60
	-	-	+	+	-	+	-	-	+	-	+	-	+	-	+	+	-	+	
'	b_3	b_4	b_5	b_6	b_7	b_8	b_9	a_3	a_4	a_5	a_6	l_3	l_4	l_5	l_6	l_7	l_8	l_9	'
	0	8	0	0	1	0	0	1	4	0	0	12	39	1	2	0	0	0	

53°

'	b_3	b_4	b_5	b_6	b_7	b_8	b_9	a_3	a_4	a_5	a_6	l_3	l_4	l_5	l_6	l_7	l_8	l_9	'
	1	9	0	0	0	0	0	2	4	0	0	12	38	1	1	0	0	0	
	-	-	+	+	-	+	-	-	+	-	+	-	+	-	+	+	-	+	
0	0,2459	0,8243	0,0008	0,0043	0,0199	0,0003	0,0005	0,790	2,720	0,057	0,066	0,7704	2,7498	0,0571	0,0662	0,0002	0,0028	0,0016	0
1	2458	8252	8	43	199	3	5	792	2,724	57	66	7716	2,7536	572	663	2	28	16	1
2	2458	8260	8	43	199	3	5	793	2,727	57	0,067	7729	2,7575	573	664	2	28	16	2
3	2457	8269	8	43	199	3	5	794	2,731	57	67	7741	2,7613	574	665	2	28	16	3
4	2457	8277	8	43	0,0200	3	5	795	2,735	57	67	7753	2,7652	575	667	2	28	16	4
5	2457	8285	8	43	200	3	5	797	2,739	0,058	67	7766	2,7691	577	668	2	28	16	5
6	2456	8294	8	43	200	3	5	798	2,743	58	67	7778	2,7730	578	669	2	28	16	6
7	2456	0,8302	8	43	0,0201	3	5	799	2,747	58	67	7791	2,7769	579	0,0670	2	28	16	7
8	2455	8311	8	43	201	3	5	0,800	2,751	58	67	0,7803	2,7808	0,0580	672	2	28	16	8
9	2455	8319	8	43	201	3	5	801	2,755	58	67	7816	2,7847	581	673	2	28	16	9
10	0,2454	0,8328	0,0008	0,0043	0,0202	0,0003	0,0005	0,803	2,759	0,058	0,068	0,7828	2,7886	0,0582	0,0674	0,0002	0,0028	0,0016	10
11	2454	8336	8	0,0044	202	3	5	804	2,763	58	68	7841	2,7926	584	675	2	28	16	11
12	2454	8345	8	44	202	3	5	805	2,767	58	68	7853	2,7965	585	677	2	0,0029	0,0017	12
13	2453	8353	8	44	202	3	5	806	2,771	0,059	68	7866	2,8004	586	678	2	29	17	13
14	2453	8362	8	44	0,0203	3	5	808	2,775	59	68	7878	2,8044	587	679	2	29	17	14
15	2452	8370	8	44	203	3	5	809	2,779	59	68	7891	2,8083	588	0,0681	2	29	17	15
16	2452	8379	8	44	203	3	5	0,810	2,783	59	68	0,7904	2,8123	0,0590	682	2	29	17	16
17	2451	8387	8	44	0,0204	3	5	811	2,787	59	68	7916	2,8163	591	683	2	29	17	17
18	2451	8396	8	44	204	3	5	813	2,791	59	0,069	7929	2,8202	592	684	2	29	17	18
19	2451	0,8405	8	44	204	3	5	814	2,795	59	69	7942	2,8242	593	686	2	29	17	19
20	0,2450	0,8413	0,0008	0,0044	0,0205	0,0003	0,0005	0,815	2,799	0,059	0,069	0,7954	2,8282	0,0594	0,0687	0,0002	0,0029	0,0017	20
21	2450	8422	8	44	205	3	5	817	2,803	59	69	7967	2,8322	596	688	0,0003	29	17	21
22	2449	8430	8	44	205	3	5	818	2,807	0,060	69	7980	2,8362	597	0,0690	3	29	17	22
23	2449	8439	8	44	205	3	5	819	2,811	60	69	7993	2,8402	598	691	3	29	17	23
24	2448	8448	8	44	0,0206	3	5	0,820	2,815	60	69	0,8005	2,8442	599	692	3	29	17	24
25	2448	8456	8	0,0045	206	3	5	822	2,819	60	69	8018	2,8483	0,0600	693	3	29	17	25
26	2447	8465	8	45	206	3	5	823	2,823	60	0,070	8031	2,8523	602	695	3	0,0030	17	26
27	2447	8474	8	45	0,0207	3	5	824	2,827	60	70	8044	2,8564	603	696	3	30	17	27
28	2447	8483	8	45	207	3	5	825	2,831	60	70	8057	2,8604	604	697	3	30	17	28
29	2446	8491	8	45	207	3	5	827	2,835	60	70	8070	2,8645	605	699	3	30	17	29
30	0,2446	0,8500	0,0008	0,0045	0,0208	0,0003	0,0005	0,828	2,839	0,061	0,070	0,8083	2,8685	0,0606	0,0700	0,0003	0,0030	0,0017	30
31	2445	8509	8	45	208	3	5	829	2,843	61	70	8096	2,8726	608	701	3	30	17	31
32	2445	8517	8	45	208	3	5	0,831	2,847	61	70	0,8109	2,8767	609	703	3	30	17	32
33	2444	8526	8	45	0,0209	3	5	832	2,851	61	0,071	8122	2,8808	0,0610	704	3	30	17	33
34	2444	8535	8	45	209	3	5	833	2,856	61	71	8135	2,8849	611	705	3	30	17	34
35	2443	8544	8	45	209	3	5	835	2,860	61	71	8148	2,8890	613	707	3	30	17	35
36	2443	8553	8	45	0,0210	3	5	836	2,864	61	71	8161	2,8931	614	708	3	30	17	36
37	2443	8561	8	45	210	3	5	837	2,868	61	71	8175	2,8972	615	709	3	30	17	37
38	2442	8570	8	0,0046	210	3	5	838	2,872	0,062	71	8188	2,9013	616	0,0711	3	30	0,0018	38
39	2442	8579	8	46	210	3	5	0,840	2,876	62	71	0,8201	2,9055	618	712	3	30	18	39
40	0,2441	0,8588	0,0008	0,0046	0,0211	0,0003	0,0005	0,841	2,880	0,062	0,071	0,8214	2,9096	0,0619	0,0713	0,0003	0,0031	0,0018	40
41	2441	8597	8	46	211	3	5	842	2,885	62	0,072	8227	2,9137	0,0620	715	3	31	18	41
42	2440	0,8606	8	46	211	3	5	844	2,889	62	72	8241	2,9179	621	716	3	31	18	42
43	2440	8614	8	46	0,0212	3	5	845	2,893	62	72	8254	2,9221	623	717	3	31	18	43
44	2439	8623	8	46	212	3	5	846	2,897	62	72	8267	2,9262	624	719	3	31	18	44
45	2439	8632	8	46	212	3	5	848	2,901	62	72	8281	2,9304	625	0,0720	3	31	18	45
46	2438	8641	8	46	0,0213	3	5	849	2,906	0,063	72	8294	2,9346	627	722	3	31	18	46
47	2438	8650	8	46	213	3	5	0,850	2,910	63	72	0,8307	2,9388	628	723	3	31	18	47
48	2438	8659	8	46	213	3	5	852	2,914	63	0,073	8321	2,9430	629	724	3	31	18	48
49	2437	8668	8	46	0,0214	3	5	853	2,918	63	73	8334	2,9472	0,0630	726	3	31	18	49
50	0,2437	0,8677	0,0008	0,0046	0,0214	0,0003	0,0005	0,854	2,922	0,063	0,073	0,8348	2,9514	0,0632	0,0727	0,0003	0,0031	0,0018	50
51	2436	8686	8	0,0047	214	3	5	856	2,927	63	73	8361	2,9557	633	728	3	31	18	51
52	2436	8695	8	47	0,0215	3	5	857	2,931	63	73	8375	2,9599	634	0,0730	3	0,0032	18	52
53	2435	0,8704	8	47	215	3	5	858	2,935	63	73	8388	2,9641	636	731	3	32	18	53
54	2435	8713	8	47	215	3	5	0,860	2,939	0,064	73	0,8402	2,9684	637	733	3	32	18	54
55	2434	8722	8	47	0,0216	3	5	861	2,944	64	0,074	8416	2,9727	638	734	3	32	18	55
56	2434	8731	8	47	216	3	5	862	2,948	64	74	8429	2,9769	639	735	3	32	18	56
57	2433	8740	8	47	216	0,0004	5	864	2,952	64	74	8443	2,9812	0,0641	737	3	32	18	57
58	2433	8749	8	47	0,0217	4	5	865	2,957	64	74	8457	2,9855	642	738	3	32	18	58
59	2432	8758	8	47	217	4	5	867	2,961	64	74	8470	2,9898	643	0,0740	3	32	18	59
60	0,2432	0,8767	0,0008	0,0047	0,0217	0,0004	0,0005	0,868	2,965	0,064	0,074	0,8484	2,9941	0,0645	0,0741	0,0003	0,0032	0,0018	60
	-	-	+	+	-	+	-	-	+	-	+	-	+	-	+	+	-	+	
'	b_3	b_4	b_5	b_6	b_7	b_8	b_9	a_3	a_4	a_5	a_6	l_3	l_4	l_5	l_6	l_7	l_8	l_9	'
	0	9	0	0	0	0	0	1	4	0	0	14	43	2	1	0	0	0	

54°

'	0	10	0	0	1	0	0	1	5	1	0	14	43	1	2	0	0	1	'
	b_3	b_4	b_5	b_6	b_7	b_8	b_9	a_3	a_4	a_5	a_6	l_3	l_4	l_5	l_6	l_7	l_8	l_9	
	-	-	+	+	-	+	-	-	+	-	+	-	+	-	+	+	-	+	
0	0,2432	0,8767	0,0008	0,0047	0,0217	0,0004	0,0005	0,868	2,965	0,064	0,074	0,8484	2,9941	0,0645	0,0741	0,0003	0,0032	0,0018	0
1	2432	8777	8	47	0,0218	4	5	869	2,970	0,065	74	8498	2,9984	646	743	3	32	0,0019	1
2	2431	8786	8	47	218	4	5	0,871	2,974	65	0,075	0,8512	3,0027	647	744	3	32	19	2
3	2431	8795	8	47	218	4	5	872	2,978	65	75	8525	3,0070	649	745	3	32	19	3
4	2430	0,8804	8	0,0048	0,0219	4	5	873	2,983	65	75	8539	3,0114	0,0650	747	3	32	19	4
5	2430	8813	8	48	219	4	5	875	2,987	65	75	8553	3,0157	651	748	3	0,0033	19	5
6	2429	8822	0,0009	48	219	4	5	876	2,991	65	75	8567	3,0200	653	0,0750	3	33	19	6
7	2429	8832	9	48	0,0220	4	0,0006	878	2,996	65	75	8581	3,0244	654	751	3	33	19	7
8	2428	8841	9	48	220	4	6	879	3,000	65	75	8595	3,0288	655	753	3	33	19	8
9	2428	8850	9	48	220	4	6	0,880	3,005	0,066	0,076	0,8609	3,0331	657	754	3	33	19	9
10	0,2427	0,8859	0,0009	0,0048	0,0221	0,0004	0,0006	0,882	3,009	0,066	0,076	0,8623	3,0375	0,0658	0,0755	0,0003	0,0033	0,0019	10
11	2427	8868	9	48	221	4	6	883	3,013	66	76	8637	3,0419	659	757	3	33	19	11
12	2426	8878	9	48	221	4	6	885	3,018	66	76	8651	3,0463	0,0661	758	3	33	19	12
13	2426	8887	9	48	0,0222	4	6	886	3,022	66	76	8665	3,0507	662	0,0760	3	33	19	13
14	2425	8896	9	48	222	4	6	887	3,027	66	76	8679	3,0551	663	761	3	33	19	14
15	2425	0,8906	9	48	222	4	6	889	3,031	66	76	8693	3,0595	665	763	3	33	19	15
16	2424	8915	9	48	0,0223	4	6	0,890	3,036	0,067	0,077	0,8707	3,0640	666	764	3	33	19	16
17	2424	8924	9	0,0049	223	4	6	892	3,040	67	77	8722	3,0684	668	766	3	0,0034	19	17
18	2423	8934	9	49	223	4	6	893	3,044	67	77	8736	3,0729	669	767	3	34	19	18
19	2423	8943	9	49	0,0224	4	6	894	3,049	67	77	8750	3,0773	0,0670	769	3	34	19	19
20	0,2422	0,8952	0,0009	0,0049	0,0224	0,0004	0,0006	0,896	3,053	0,067	0,077	0,8764	3,0818	0,0672	0,0770	0,0003	0,0034	0,0019	20
21	2422	8962	9	49	224	4	6	897	3,058	67	77	8779	3,0863	673	772	3	34	19	21
22	2421	8971	9	49	0,0225	4	6	899	3,062	67	77	8793	3,0907	675	773	3	34	19	22
23	2421	8980	9	49	225	4	6	0,900	3,067	67	0,078	0,8807	3,0952	676	775	3	34	0,0020	23
24	2420	8990	9	49	225	4	6	902	3,071	0,068	78	8822	3,0997	677	776	3	34	20	24
25	2420	8999	9	49	0,0226	4	6	903	3,076	68	78	8836	3,1042	679	778	3	34	20	25
26	2420	0,9009	9	49	226	4	6	904	3,081	68	78	8851	3,1088	0,0680	779	3	34	20	26
27	2419	9018	9	49	226	4	6	906	3,085	68	78	8865	3,1133	682	0,0781	3	34	20	27
28	2419	9028	9	49	0,0227	4	6	907	3,090	68	78	8880	3,1178	683	782	3	34	20	28
29	2418	9037	9	0,0050	227	4	6	909	3,094	68	78	8894	3,1223	684	784	3	0,0035	20	29
30	0,2418	0,9047	0,0009	0,0050	0,0227	0,0004	0,0006	0,910	3,099	0,068	0,079	0,8909	3,1269	0,0686	0,0785	0,0003	0,0035	0,0020	30
31	2417	9056	9	50	0,0228	4	6	912	3,103	0,069	79	8923	3,1315	687	787	3	35	20	31
32	2417	9066	9	50	228	4	6	913	3,108	69	79	8938	3,1360	689	788	3	35	20	32
33	2416	9075	9	50	228	4	6	915	3,113	69	79	8953	3,1406	0,0690	0,0790	3	35	20	33
34	2416	9085	9	50	0,0229	4	6	916	3,117	69	79	8967	3,1452	691	791	3	35	20	34
35	2415	9094	9	50	229	4	6	917	3,122	69	79	8982	3,1498	593	793	3	35	20	35
36	2415	0,9104	9	50	0,0230	4	6	919	3,126	69	0,080	8997	3,1544	694	794	3	35	20	36
37	2414	9113	9	50	230	4	6	0,920	3,131	69	80	0,9011	3,1590	696	796	3	35	20	37
38	2414	9123	9	50	230	4	6	922	3,136	0,070	80	9026	3,1636	697	797	3	35	20	38
39	2413	9133	9	50	0,0231	4	6	923	3,140	70	80	9041	3,1682	699	799	3	35	20	39
40	0,2413	0,9142	0,0009	0,0050	0,0231	0,0004	0,0006	0,925	3,145	0,070	0,080	0,9056	3,1729	0,0700	0,0801	0,0003	0,0036	0,0020	40
41	2412	9152	9	0,0051	231	4	6	926	3,150	70	80	9071	3,1775	702	802	3	36	20	41
42	2412	9162	9	51	0,0232	4	6	928	3,154	70	80	9086	3,1822	703	804	3	36	20	42
43	2411	9171	9	51	232	4	6	929	3,159	70	0,081	0,9101	3,1868	705	805	3	36	20	43
44	2411	9181	9	51	232	4	6	0,931	3,164	0,071	81	9115	3,1915	706	807	3	36	0,0021	44
45	2410	9191	9	51	0,0233	4	6	932	3,168	71	81	9130	3,1962	707	808	3	36	21	45
46	2410	0,9200	9	51	233	4	6	934	3,173	71	81	9145	3,2009	709	0,0810	3	36	21	46
47	2409	9210	9	51	233	4	6	935	3,178	71	81	9161	3,2056	0,0710	812	3	36	21	47
48	2409	9220	9	51	0,0234	4	6	937	3,183	71	81	9176	3,2103	712	813	3	36	21	48
49	2408	9230	9	51	234	4	6	938	3,187	71	0,082	9191	3,2150	713	815	3	36	21	49
50	0,2408	0,9239	0,0009	0,0051	0,0235	0,0004	0,0006	0,940	3,192	0,071	0,082	0,9206	3,2198	0,0715	0,0816	0,0003	0,0036	0,0021	50
51	2407	9249	9	51	235	4	6	941	3,197	0,072	82	9221	3,2245	716	818	3	0,0037	21	51
52	2406	9259	9	51	235	4	6	943	3,202	72	82	9236	3,2292	718	0,0820	3	37	21	52
53	2406	9269	9	0,0052	0,0236	4	6	944	3,206	72	82	9251	3,2340	719	821	3	37	21	53
54	2405	9279	9	52	236	4	6	946	3,211	72	82	9267	3,2388	0,0721	823	3	37	21	54
55	2405	9289	9	52	236	4	6	947	3,216	72	0,083	9282	3,2435	722	824	3	37	21	55
56	2404	9298	9	52	0,0237	4	6	949	3,221	72	83	9297	3,2483	724	826	3	37	21	56
57	2404	0,9308	9	52	237	4	6	0,950	3,226	72	83	0,9313	3,2531	725	828	3	37	21	57
58	2403	9318	9	52	237	4	6	952	3,230	0,073	83	9328	3,2579	727	829	3	37	21	58
59	2403	9328	9	52	0,0238	4	6	953	3,235	73	83	9343	3,2627	728	0,0831	3	37	21	59
60	0,2402	0,9338	0,0009	0,0052	0,0238	0,0004	0,0006	0,955	3,240	0,073	0,083	0,9359	3,2675	0,0730	0,0832	0,0003	0,0037	0,0021	60
	-	-	+	+	-	+	-	-	+	-	+	-	+	-	+	+	-	+	
'	b_3	b_4	b_5	b_6	b_7	b_8	b_9	a_3	a_4	a_5	a_6	l_3	l_4	l_5	l_6	l_7	l_8	l_9	'
	1	10	0	0	0	0	0	2	5	0	0	16	48	2	1	0	0	0	

55°

'	b_3	b_4	b_5	b_6	b_7	b_8	b_9	a_3	a_4	a_5	a_6	l_3	l_4	l_5	l_6	l_7	l_8	l_9	'
	0	10	0	0	1	0	0	2	5	0	1	15	49	2	2	0	1	0	
	-	-	+	+	-	+	-	-	+	-	+	-	+	-	+	+	-	+	
0	0,2402	0,9338	0,0009	0,0052	0,0238	0,0004	0,0006	0,955	3,240	0,073	0,083	0,9359	3,2675	0,0730	0,0832	0,0003	0,0037	0,0021	0
1	2402	9348	9	52	0,0239	4	6	957	3,245	73	0,084	9374	3,2724	732	834	3	0,0038	21	1
2	2401	9358	9	52	239	4	6	958	3,250	73	84	9390	3,2772	733	836	3	38	21	2
3	2401	9368	9	52	239	4	6	0,960	3,255	73	84	0,9405	3,2820	735	837	3	38	21	3
4	2400	9378	9	0,0053	0,0240	4	6	961	3,259	0,074	84	9421	3,2869	736	839	3	38	0,0022	4
5	2400	9388	9	53	240	4	6	963	3,264	74	84	9436	3,2918	738	0,0841	3	38	22	5
6	0,2399	9398	9	53	240	4	6	964	3,269	74	84	9452	3,2966	739	842	3	38	22	6
7	2399	0,9408	9	53	0,0241	4	6	966	3,274	74	0,085	9468	3,3015	0,0741	844	3	38	22	7
8	2398	9418	9	53	241	4	6	967	3,279	74	85	9483	3,3064	742	846	3	38	22	8
9	2398	9428	9	53	0,0242	4	6	969	3,284	74	85	9499	3,3113	744	847	3	38	22	9
10	0,2397	0,9438	0,0009	0,0053	0,0242	0,0004	0,0006	0,971	3,289	0,074	0,085	0,9515	3,3162	0,0745	0,0849	0,0003	0,0038	0,0022	10
11	2397	9448	9	53	242	4	6	972	3,294	0,075	85	9531	3,3212	747	0,0851	3	0,0039	22	11
12	2396	9458	9	53	0,0243	4	6	974	3,299	75	85	9546	3,3261	749	852	3	39	22	12
13	2396	9468	9	53	243	4	6	975	3,304	75	0,086	9562	3,3310	0,0750	854	3	39	22	13
14	2395	9478	0,0010	53	243	4	6	977	3,309	75	86	9578	3,3360	752	856	3	39	22	14
15	2395	9489	10	53	0,0244	4	6	978	3,314	75	86	9594	3,3410	753	857	3	39	22	15
16	2394	9499	10	0,0054	244	4	6	0,980	3,319	75	86	0,9610	3,3459	755	859	3	39	22	16
17	2393	0,9509	10	54	0,0245	4	6	982	3,324	0,076	86	9626	3,3509	757	0,0861	3	39	22	17
18	2393	9519	10	54	245	4	6	983	3,329	76	86	9642	3,3559	758	863	3	39	22	18
19	2392	9529	10	54	245	4	6	985	3,334	76	0,087	9658	3,3609	0,0760	864	3	39	22	19
20	0,2392	0,9539	0,0010	0,0054	0,0246	0,0004	0,0006	0,986	3,339	0,076	0,087	0,9674	3,3659	0,0761	0,0866	0,0003	0,0039	0,0022	20
21	2391	9550	10	54	246	4	6	988	3,344	76	87	9690	3,3709	763	868	3	0,0040	22	21
22	2391	9560	10	54	0,0247	4	6	0,990	3,349	76	87	0,9706	3,3760	765	869	3	40	0,0023	22
23	2390	9570	10	54	247	4	6	991	3,354	0,077	87	9722	3,3810	766	0,0871	3	40	23	23
24	2390	9580	10	54	247	4	6	993	3,359	77	87	9739	3,3860	768	873	3	40	23	24
25	2389	9591	10	54	0,0248	4	6	994	3,364	77	0,088	9755	3,3911	769	875	3	40	23	25
26	2389	0,9601	10	54	248	4	6	996	3,369	77	88	9771	3,3962	0,0771	876	0,0004	40	23	26
27	2388	9611	10	0,0055	248	4	6	998	3,374	77	88	9787	3,4012	773	878	4	40	23	27
28	2388	9622	10	55	0,0249	4	6	999	3,379	77	88	0,9804	3,4063	774	0,0880	4	40	23	28
29	2387	9632	10	55	249	4	6	1,001	3,384	0,078	88	9820	3,4114	776	882	4	40	23	29
30	0,2386	0,9642	0,0010	0,0055	0,0250	0,0004	0,0006	1,003	3,390	0,078	0,088	0,9836	3,4165	0,0778	0,0883	0,0004	0,0040	0,0023	30
31	2386	9653	10	55	250	4	0,0007	1,004	3,395	78	0,089	9853	3,4217	779	885	4	0,0041	23	31
32	2385	9663	10	55	250	4	7	1,006	3,400	78	89	9869	3,4268	0,0781	887	4	41	23	32
33	2385	9674	10	55	0,0251	4	7	1,007	3,405	78	89	9886	3,4319	783	889	4	41	23	33
34	2384	9684	10	55	251	4	7	1,009	3,410	78	89	0,9902	3,4371	784	0,0890	4	41	23	34
35	2384	9694	10	55	0,0252	4	7	1,011	3,415	0,079	89	9919	3,4422	786	892	4	41	23	35
36	2383	0,9705	10	55	252	4	7	1,012	3,421	79	0,090	9935	3,4474	788	894	4	41	23	36
37	2383	9715	10	0,0056	252	4	7	1,014	3,426	79	90	9952	3,4526	789	896	4	41	23	37
38	2382	9726	10	56	0,0253	4	7	1,016	3,431	79	90	9969	3,4578	0,0791	898	4	41	23	38
39	2382	9736	10	56	253	4	7	1,017	3,436	79	90	9985	3,4630	793	899	4	41	23	39
40	0,2381	0,9747	0,0010	0,0056	0,0254	0,0004	0,0007	1,019	3,441	0,079	0,090	1,0002	3,4682	0,0794	0,0901	0,0004	0,0042	0,0024	40
41	2380	9757	10	56	254	4	7	1,021	3,447	0,080	90	1,0019	3,4734	796	903	4	42	24	41
42	2380	9768	10	56	254	4	7	1,022	3,452	80	0,091	1,0036	3,4786	798	905	4	42	24	42
43	2379	9778	10	56	0,0255	4	7	1,024	3,457	80	91	1,0052	3,4839	799	907	4	42	24	43
44	2379	9789	10	56	255	4	7	1,026	3,462	80	91	1,0069	3,4891	0,0801	908	4	42	24	44
45	2378	0,9800	10	56	0,0256	4	7	1,027	3,468	80	91	1,0086	3,4944	803	0,0910	4	42	24	45
46	2378	9810	10	56	256	4	7	1,029	3,473	80	91	1,0103	3,4997	805	912	4	42	24	46
47	2377	9821	10	56	256	4	7	1,031	3,478	0,081	0,092	1,0120	3,5049	806	914	4	42	24	47
48	2377	9832	10	0,0057	0,0257	4	7	1,032	3,484	81	92	1,0137	3,5102	808	916	4	42	24	48
49	2376	9842	10	57	257	4	7	1,034	3,489	81	92	1,0154	3,5155	0,0810	918	4	42	24	49
50	0,2375	0,9853	0,0010	0,0057	0,0258	0,0004	0,0007	1,036	3,494	0,081	0,092	1,0171	3,5209	0,0811	0,0919	0,0004	0,0043	0,0024	50
51	2375	9864	10	57	258	4	7	1,038	3,500	81	92	1,0188	3,5262	813	0,0921	4	43	24	51
52	2374	9874	10	57	258	4	7	1,039	3,505	81	92	1,0205	3,5315	815	923	4	43	24	52
53	2374	9885	10	57	0,0259	4	7	1,041	3,510	0,082	0,093	1,0222	3,5369	817	925	4	43	24	53
54	2373	9896	10	57	259	0,0005	7	1,043	3,516	82	93	1,0239	3,5422	818	927	4	43	24	54
55	2373	0,9906	10	57	0,0260	5	7	1,044	3,521	82	93	1,0257	3,5476	0,0820	929	4	43	24	55
56	2372	9917	10	57	260	5	7	1,046	3,527	32	93	1,0274	3,5530	822	0,0931	4	43	0,0025	56
57	2372	9928	10	57	260	5	7	1,048	3,532	82	93	1,0291	3,5583	824	932	4	43	25	57
58	2371	9939	10	0,0058	0,0261	5	7	1,050	3,537	82	0,094	1,0309	3,5637	825	934	4	0,0044	25	58
59	2370	9950	10	58	261	5	7	1,051	3,543	0,083	94	1,0326	3,5691	827	936	4	44	25	59
60	0,2370	0,9960	0,0010	0,0058	0,0262	0,0005	0,0007	1,053	3,548	0,083	0,094	1,0343	3,5746	0,0829	0,0938	0,0004	0,0044	0,0025	60
	-	-	+	+	-	+	-	-	+	-	+	-	+	-	+	+	-	+	
'	b_3	b_4	b_5	b_6	b_7	b_8	b_9	a_3	a_4	a_5	a_6	l_3	l_4	l_5	l_6	l_7	l_8	l_9	'
	0	10	0	0	1	0	0	2	5	0	0	17	55	2	2	0	0	0	

56°

'	1	11	0	0	0	0	0	2	6	0	0	18	54	2	2	0	0	0	'
	b_3	b_4	b_5	b_6	b_7	b_8	b_9	a_3	a_4	a_5	a_6	l_3	l_4	l_5	l_6	l_7	l_8	l_9	
	-	-	+	+	-	+	-	-	+	-	+	-	+	-	+	+	-	+	
0	0,2370	0,9960	0,0010	0,0058	0,0262	0,0005	0,0007	1,053	3,548	0,083	0,094	1,0343	3,5746	0,0829	0,0938	0,0004	0,0044	0,0025	0
1	2369	0,9971	10	58	262	5	7	1,055	3,554	83	94	1,0361	3,5800	0,0831	0,0940	4	44	25	1
2	2369	0,9982	10	58	0,0263	5	7	1,056	3,559	83	94	1,0378	3,5854	833	942	4	44	25	2
3	2368	0,9993	10	58	263	5	7	1,058	3,565	83	94	1,0396	3,5909	834	944	4	44	25	3
4	2368	1,0004	10	58	263	5	7	1,060	3,570	0,084	0,095	1,0413	3,5964	836	946	4	44	25	4
5	2367	1,0015	10	58	0,0264	5	7	1,062	3,576	84	95	1,0431	3,6018	838	948	4	44	25	5
6	2366	1,0026	10	58	264	5	7	1,063	3,581	84	95	1,0448	3,6073	0,0840	0,0950	4	44	25	6
7	2366	1,0037	10	58	0,0265	5	7	1,065	3,587	84	95	1,0466	3,6128	842	951	4	0,0045	25	7
8	2365	1,0048	10	0,0059	265	5	7	1,067	3,592	84	95	1,0484	3,6183	843	953	4	45	25	8
9	2365	1,0059	10	59	0,0266	5	7	1,069	3,598	84	0,096	1,0501	3,6238	845	955	4	45	25	9
10	0,2364	1,0070	0,0010	0,0059	0,0266	0,0005	0,0007	1,070	3,603	0,085	0,096	1,0519	3,6294	0,0847	0,0957	0,0004	0,0045	0,0025	10
11	2364	1,0081	10	59	266	5	7	1,072	3,609	85	96	1,0537	3,6349	849	959	4	45	25	11
12	2363	1,0092	10	59	0,0267	5	7	1,074	3,614	85	96	1,0555	3,6405	0,0851	0,0961	4	45	0,0026	12
13	2362	1,0103	10	59	267	5	7	1,076	3,620	85	96	1,0573	3,6460	852	963	4	45	26	13
14	2362	1,0114	10	59	0,0268	5	7	1,078	3,626	85	0,097	1,0591	3,6516	854	965	4	45	26	14
15	2361	1,0125	10	59	268	5	7	1,079	3,631	0,086	97	1,0609	3,6572	856	967	4	0,0046	26	15
16	2361	1,0136	10	59	268	5	7	1,081	3,637	86	97	1,0626	3,6628	858	969	4	46	26	16
17	2360	1,0147	10	59	0,0269	5	7	1,083	3,642	86	97	1,0644	3,6684	0,0860	0,0971	4	46	26	17
18	2360	1,0158	10	0,0060	269	5	7	1,085	3,648	86	97	1,0663	3,6740	862	973	4	46	26	18
19	2359	1,0170	10	60	0,0270	5	7	1,087	3,654	86	0,098	1,0681	3,6796	864	975	4	46	26	19
20	0,2358	1,0181	0,0010	0,0060	0,0270	0,0005	0,0007	1,088	3,659	0,086	0,098	1,0699	3,6853	0,0865	0,0977	0,0004	0,0046	0,0026	20
21	2358	1,0192	10	60	0,0271	5	7	1,090	3,665	0,087	98	1,0717	3,6909	867	979	4	46	26	21
22	2357	1,0203	10	60	271	5	7	1,092	3,671	87	98	1,0735	3,6966	869	0,0981	4	46	26	22
23	2357	1,0214	10	60	0,0272	5	7	1,094	3,676	87	98	1,0753	3,7022	0,0871	983	4	46	26	23
24	2356	1,0225	0,0011	60	272	5	7	1,096	3,682	87	0,099	1,0772	3,7079	873	985	4	0,0047	26	24
25	2355	1,0237	11	60	272	5	7	1,097	3,688	87	99	1,0790	3,7136	875	987	4	47	26	25
26	2355	1,0248	11	60	0,0273	5	7	1,099	3,694	0,088	99	1,0808	3,7193	877	989	4	47	26	26
27	2354	1,0259	11	60	273	5	7	1,101	3,699	88	99	1,0827	3,7251	879	0,0991	4	47	26	27
28	2354	1,0270	11	0,0061	0,0274	5	7	1,103	3,705	88	99	1,0845	3,7308	0,0881	993	4	47	0,0027	28
29	2353	1,0282	11	61	274	5	7	1,105	3,711	88	0,100	1,0863	3,7365	882	995	4	47	27	29
30	0,2353	1,0293	0,0011	0,0061	0,0275	0,0005	0,0007	1,107	3,717	0,088	0,100	1,0882	3,7423	0,0884	0,0997	0,0004	0,0047	0,0027	30
31	2352	1,0304	11	61	275	5	7	1,108	3,722	0,089	100	1,0900	3,7481	886	999	4	47	27	31
32	2351	1,0316	11	61	275	5	7	1,110	3,728	89	100	1,0919	3,7538	888	0,1001	4	0,0048	27	32
33	2351	1,0327	11	61	0,0276	5	7	1,112	3,734	89	100	1,0938	3,7596	0,0890	1003	4	48	27	33
34	2350	1,0339	11	61	276	5	7	1,114	3,740	89	0,101	1,0956	3,7654	892	1005	4	48	27	34
35	2350	1,0350	11	61	0,0277	5	7	1,116	3,746	89	101	1,0975	3,7712	894	1007	4	48	27	35
36	2349	1,0361	11	61	277	5	7	1,118	3,751	0,090	101	1,0994	3,7771	896	1009	4	48	27	36
37	2348	1,0373	11	0,0062	0,0278	5	7	1,120	3,757	90	101	1,1012	3,7829	898	0,1011	4	48	27	37
38	2348	1,0384	11	62	278	5	7	1,121	3,763	90	101	1,1031	3,7887	0,0900	1014	4	48	27	38
39	2347	1,0396	11	62	0,0279	5	0,0008	1,123	3,769	90	0,102	1,1050	3,7946	902	1016	4	0,0049	27	39
40	0,2347	1,0407	0,0011	0,0062	0,0279	0,0005	0,0008	1,125	3,775	0,090	0,102	1,1069	3,8005	0,0904	0,1018	0,0004	0,0049	0,0027	40
41	2346	1,0419	11	62	0,0280	5	8	1,127	3,781	90	102	1,1088	3,8064	906	0,1020	4	49	27	41
42	2345	1,0430	11	62	280	5	8	1,129	3,787	0,091	102	1,1107	3,8123	908	1022	4	49	0,0028	42
43	2345	1,0442	11	62	280	5	8	1,131	3,793	91	0,103	1,1126	3,8182	0,0910	1024	4	49	28	43
44	2344	1,0454	11	62	0,0281	5	8	1,133	3,799	91	103	1,1145	3,8241	912	1026	4	49	28	44
45	2344	1,0465	11	62	281	5	8	1,135	3,805	91	103	1,1164	3,8300	914	1028	4	49	28	45
46	2343	1,0477	11	0,0063	0,0282	5	8	1,137	3,811	91	103	1,1183	3,8360	916	0,1030	4	49	28	46
47	2342	1,0488	11	63	282	5	8	1,138	3,816	0,092	103	1,1202	3,8419	918	1032	4	0,0050	28	47
48	2342	1,0500	11	63	0,0283	5	8	1,140	3,822	92	0,104	1,1221	3,8479	0,0920	1035	4	50	28	48
49	2341	1,0512	11	63	283	5	8	1,142	3,828	92	104	1,1241	3,8539	922	1037	4	50	28	49
50	0,2341	1,0523	0,0011	0,0063	0,0284	0,0005	0,0008	1,144	3,834	0,092	0,104	1,1260	3,8598	0,0924	0,1039	0,0004	0,0050	0,0028	50
51	2340	1,0535	11	63	284	5	8	1,146	3,841	92	104	1,1279	3,8659	926	0,1041	4	50	28	51
52	2339	1,0547	11	63	0,0285	5	8	1,148	3,847	0,093	104	1,1298	3,8719	928	1043	4	50	28	52
53	2339	1,0559	11	63	285	5	8	1,150	3,853	93	0,105	1,1318	3,8779	0,0930	1045	4	50	28	53
54	2338	1,0570	11	63	285	5	8	1,152	3,859	93	105	1,1337	3,8839	932	1048	4	0,0051	28	54
55	2338	1,0582	11	0,0064	0,0286	5	8	1,154	3,865	93	105	1,1357	3,8900	934	0,1050	4	51	28	55
56	2337	1,0594	11	64	286	5	8	1,156	3,871	0,094	105	1,1376	3,8961	936	1052	4	51	0,0029	56
57	2336	1,0606	11	64	0,0287	5	8	1,158	3,877	94	0,106	1,1396	3,9021	938	1054	0,0005	51	29	57
58	2336	1,0618	11	64	287	5	8	1,160	3,883	94	106	1,1415	3,9082	0,0940	1056	5	51	29	58
59	2335	1,0629	11	64	0,0288	5	8	1,162	3,889	94	106	1,1435	3,9143	942	1058	5	51	29	59
60	0,2335	1,0641	0,0011	0,0064	0,0288	0,0005	0,0008	1,164	3,895	0,094	0,106	1,1455	3,9204	0,0944	0,1061	0,0005	0,0051	0,0029	60
	-	-	+	+	-	+	-	-	+	-	+	-	+	-	+	+	-	+	
'	b_3	b_4	b_5	b_6	b_7	b_8	b_9	a_3	a_4	a_5	a_6	l_3	l_4	l_5	l_6	l_7	l_8	l_9	'
	0	12	0	0	0	0	0	2	6	0	0	20	61	2	3	0	0	0	

FSC
www.fsc.org
MIX
Papier | Fördert
gute Waldnutzung
FSC® C083411

Kolibri 360 GmbH
Ferdinand-Jühlke-Straße 7
99095 Erfurt, Deutschland
produktsicherheit@kolibri360.de